U0156003

南京航空航天大学重点教材立项项目

博士生导师学术文库

A Library of Academics by
Ph.D.Supervisors

宇宙探索简史

闻　新　周　露　著

光明日报出版社

图书在版编目（CIP）数据

宇宙探索简史／闻新，周露著．－－北京：光明日报出版社，2021.6

ISBN 978－7－5194－6148－5

Ⅰ.①宇…　Ⅱ.①闻…②周…　Ⅲ.①空间探索—历史—普及读物　Ⅳ.①V11－49

中国版本图书馆 CIP 数据核字（2021）第 108836 号

宇宙探索简史

YUZHOU TANSUO JIANSHI

著　　者：闻　新　周　露

责任编辑：杨　茹　　　　　　　　责任校对：许　丽
封面设计：一站出版网　　　　　　责任印制：曹　净

出版发行：光明日报出版社

地　　址：北京市西城区永安路 106 号，100050

电　　话：010－63169890（咨询），010－63131930（邮购）

传　　真：010－63131930

网　　址：http://book.gmw.cn

E － mail：yangru@gmw.cn

法律顾问：北京德恒律师事务所龚柳方律师

印　　刷：三河市华东印刷有限公司

装　　订：三河市华东印刷有限公司

本书如有破损、缺页、装订错误，请与本社联系调换，电话：010－63131930

开　　本：170mm×240mm

字　　数：300 千字　　　　　　　印　　张：17

版　　次：2021 年 6 月第 1 版　　印　　次：2021 年 6 月第 1 次印刷

书　　号：ISBN 978－7－5194－6148－5

定　　价：95.00 元

序 言

探索宇宙奥秘从人类诞生之日就开始了。但今天我们仰望星空，依旧会在心底发出同先人们一样的疑问：银河彼端、星系之间、宇宙尽头到底有怎样的故事？人类对未知领域具有天生的好奇心。18世纪，德国哲学家康德说："世界上有两样东西能够深深地震撼人们的心灵，一样是心中崇高的道德准则，另一样是头顶灿烂的星空。"

太空探索对推动自然科学和高新技术的发展，促进人类社会进步起着巨大的作用。不仅体现在它产生的经济效应，更体现在它的社会价值。黑格尔曾说："一个民族有一些关注天空的人，他们才有希望；一个民族只是关心脚下的事情，那是没有未来的。"本书带着对浩瀚宇宙的思考，带着对人类未来的憧憬，带着儿时梦想，是你、我、他与宇宙的对话。

本书从宇宙大爆炸开始，按照人类对宇宙现象和规律认识的时间顺序，用通俗的语言和新鲜的视角，将探索宇宙成果融入人类进化和文明进步的过程中，不错过各个历史时期那些关键的、最有价值的里程碑事件，涵盖了生物学、人类学、哲学、心理学、艺术、文学、伦理学等众多领域，涉及信仰、憧憬和生命价值等众多话题。

闻新教授负责全书撰写，南京航空航天大学研究生和博士们参加本书的校对，包括纪龙、朱莎莎、张业鑫、朱亚萍、王嘉轶、张婉怡、陈辛、谢天夏、史超、魏炳奕、龙弟之、李佩冉、王俊红、徐媛媛等。

本书的出版得到了南京航空航天大学精品教材建设专项经费的支撑，在编写过程中得到了南京航空航天大学、南京财经大学、北京航空航天大学、北京大学、沈阳航空航天大学和哈尔滨工业大学等高校以及中国航天二院和中国航天五院同人的支持，在此深表感谢！

目 录
CONTENTS

第一部分 宇宙之问

一、宇宙诞生

科学家认为，宇宙诞生于约 137 亿年前的一次大爆炸。在这个被称为"宇宙大爆炸"的时刻，是宇宙本身开始迅速膨胀的时刻，那时，可观宇宙（包括至少 2 万亿个星系的物质）的直径小于 1 厘米。如今，可观宇宙（哈勃体积）直径为 950 亿光年，而且还在膨胀。关于宇宙大爆炸，本章以问答的形式呈现。

1. 宇宙大爆炸之前发生了什么

目前，以大爆炸理论为基础来研究宇宙起源正遭遇瓶颈，而在爱因斯坦的广义相对论中，大爆炸以前的宇宙一直处于虚无的状态：一个体积为零，密度和能量无限大的"零点"。目前，美国几位物理学家将量子物理公式与广义相对论结合，建立了大反弹理论（图1-1），这一理论解释了我们宇宙在形成之前的状态。宇宙形成之前并不是以绝对的零体积形式存在的，宇宙前身也不是密度和能量无限大的状态，而是有一定的范围。

科学家认为，在现有宇宙形成之前，可能存在一个结构相近的"反宇宙"，而不是原先设想的绝对虚无的状态。"反宇宙"的坍缩最终引发了大反弹，进而创造了我们现在这个仍然在不断扩张的宇宙。

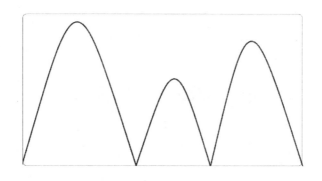

图 1-1　在空间尺度上宇宙大反弹的原理图

2. 大爆炸之前宇宙是什么样子

这个问题只有理论上的假想答案，因为在可观宇宙中，没有来自那个时间的数据或信息能够给出正确答案。按照目前大多数科学家公认的观点，宇宙最开始是一个炙热的奇点，宇宙边界以外是什么，现在没有人知道。

按照霍金的观点，大爆炸以前没有时间和空间。在"大爆炸"之前的瞬间，宇宙是一个"豌豆"状的微小物体，它悬浮于一个没有时间的空间内，这个空间经历了迅速扩张，这种扩张被称作"膨胀"的时期。这种扩张发生在宇宙"大爆炸"之前极为短暂的一瞬间。

目前还有很多科学家持有另一种观点，认为时间和空间并不是在大爆炸后才存在的，大爆炸只是开启了收缩发生前的一段纪元，宇宙的演化可能是循环的，由扩张和收缩这两种周期在规律地重复着（图 1-2）。

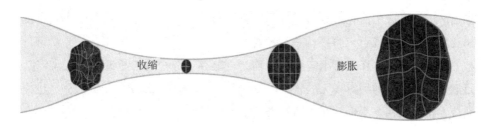

图 1-2　假说的宇宙演化过程

3. 大爆炸后宇宙发生了什么

大爆炸造就了地球、太阳系、银河系，甚至整个宇宙。宇宙大爆炸刚开始的时候，内部温度极高，达几亿摄氏度，但随着宇宙不断扩张，温度开始下降。

另外，宇宙大爆炸时，扩张的速度比光速还快，宇宙瞬间从一枚高尔夫球大小膨胀成现在地球的大小。宇宙大爆炸的时间也非常快，只需要 1 秒钟，宇宙就膨胀到了接近现在的宇宙的大小（图 1-3）。但是，现在宇宙存在极度微小的亚原子粒子，那时宇宙根本没有原子。那时的宇宙没有秩序，当微小的亚原子粒子合成为原子的时候，原子开始创造物质，这时一场正物质与反物质的战争即将发生。最后，正物质赢得了胜利，创造了宇宙。

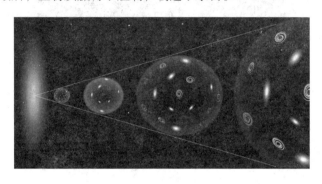

图 1-3　大爆炸以后宇宙发生的事情

4. 什么是大爆炸宇宙模型

宇宙模型是对宇宙的大尺度时空结构、运动形态和物质演化的理论描述。目前，有多种宇宙模型，但大爆炸宇宙模型是最有影响力的，它可以解释的观测事实最多，所以，已被普遍接受。

大爆炸宇宙模型（图 1-4）的核心是：宇宙是从温度和密度都极高的状态中由一次"大爆炸"产生的，时间发生在约 137 亿年前。

大爆炸宇宙模型基于两个假设：第一是爱因斯坦提出的，能正确描述宇宙物质的引力作用的广义相对论；第二是所谓宇宙学原理，即宇宙中的观测者所看到的事物既同观测的方向无关也同所处的位置无关。这个原理只适用于宇宙的大尺度上，而它也意味着宇宙是无边的。宇宙的大爆炸源不是发生在空间的某一点，而是发生在同一时间的整个空间内。有这两个假设，就能计算出宇宙从某一确定时间起始的历史，而在此之前，何种物理规律在起作用至今还不清楚。

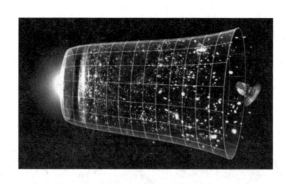

图 1-4　大爆炸宇宙模型

（图片来源：NASA）

5. 什么是宇宙背景辐射

宇宙背景辐射，也称微波背景辐射，它是来自宇宙空间背景上的微波辐射，产生于大爆炸后的 30 万年，它的绝对温标与黑体辐射相同，频率属于微波范围。

1965 年，美国贝尔实验室的两名工程师在调试天线性能的过程中，发现了一种十分奇异的微波噪声，其强度比预计的噪声强度高出一百倍。对此，两人百思不解。这种微波噪声，不论白天还是夜晚，也不论天线指向天空何方，总是稳定地出现。由此，他们断定：这种微波噪声不是地球人的无线电广播干扰所造成的。但是，这种微波噪声是从哪儿来的呢？两人一头雾水，不知究竟。后来他们在一位著名天文学家的帮助和指导下，得知他们发现的微波噪声就是宇宙微波背景辐射（图 1-5）。

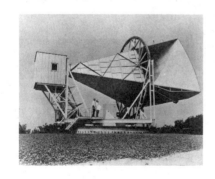

图 1-5　首先发现宇宙微波背景的射电望远镜（左）

和欧空局探测器获得的宇宙背景辐射图像（右）

（图片来源：NASA）

宇宙微波背景的发现为了解宇宙起源打开了一扇窗，1989年美国宇航局发射了一颗名为"宇宙背景"的探测器，用来测量背景辐射的微小变化。根据NASA信息，结果是一张宇宙的"婴儿照片"（图1-6），显示了膨胀宇宙中一些最初的密度变化。这些微小变化可能导致了星系和真空的模式，即我们今天在宇宙中看到的宇宙星系网。

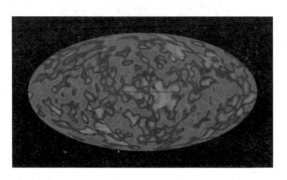

图1-6 人类获得的一张"婴儿宇宙"照片

（图片来源：NASA）

6. 宇宙是由什么组成的

物理学家认为宇宙是由两种物质组成的，一种是可见的发光物质，另一种是不可见的暗物质。每个人都可以看见发光物质，而暗物质是需要通过探测其自身引力存在才能被意识到的物质，如星系或星族的旋转曲线。

辐射是宇宙的一种能量，光子辐射穿过宇宙，科学家最新研究发现暗能量使宇宙加速膨胀。目前天文学家还不了解暗能量，只能通过宇宙膨胀速度来探测暗能量的存在。

最近，天文学家测量发现（图1-7），用望远镜看到的星星以及日常生活所接触到的物质，只占宇宙物质的5%，而暗物质占宇宙物质的24%，暗能量占宇宙物质的71%。所以天文学家对宇宙的了解仅有5%，还有95%是未知的。

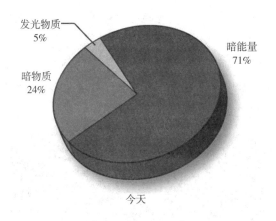

图1-7 宇宙的物质组成

7. 什么是暗能量

"暗能量"这一术语是由宇宙理论学家迈克尔·特纳（Michael S. Turner）提出的。暗能量是一种弥漫在宇宙空间的、具有负压的假想形式能量，它可以解释宇宙膨胀的引力效应。暗能量不能直接观测到，却可以从天体间的引力相互作用的观察中推断出来。

物理学家发现暗能量之前，"宇宙常数"是爱因斯坦广义相对论方程的一个特解，即宇宙是静态的。在宇宙膨胀的情况下，假设宇宙常数是0，这种假设多年来一直在宇宙学中占主导地位。

1998年，超新星宇宙学项目研究团队和高红移超新星搜索团队试图测量宇宙膨胀减速的活动，但均以失败而告终。

虽然这两个团队没有测量出宇宙膨胀减速，却测量出一个完全意想不到的结果——宇宙正在加速度膨胀。自1998年，已经有进一步证据支持这种测量结果（图1-8）。宇宙实际上是加速膨胀，而不是稳步扩张。这意味着爱因斯坦的原始宇宙常数已经证明了暗能量理论。

图 1 - 8　暗能量导致宇宙加速膨胀

（图片来源：NASA）

8. 暗能量作用下宇宙未来的命运

现代理论物理学家认为：宇宙正处于加速膨胀过程之中，在暗能量作用下，宇宙未来有三种命运走向（图 1 - 9），即其密度随着时间推移降低、维持不变或者增加。

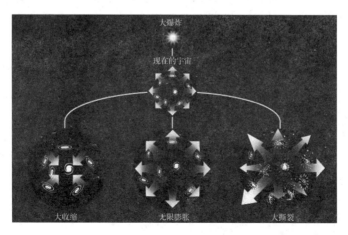

图 1 - 9　暗能量导致的三种未来宇宙的命运

（图片来源：NASA）

如果暗能量密度降低，宇宙未来会出现大收缩，收缩最终的结果是宇宙消失；如果暗能量密度维持不变，宇宙会永远、无限地膨胀下去；如果暗能量密度增加，宇宙未来的膨胀速率会达到非常极端的程度，甚至导致亚原子粒子被撕裂。但是，我们不必担心，这些情况大约要300亿年以后才会发生。

9. 宇宙有中心吗

宇宙没有中心。看起来宇宙应该存在中心，但是实际上它并不存在。因为宇宙的膨胀一般不会发生在三维空间内，而是发生在四维空间内，它不仅包括普通三维空间——长度、宽度和高度，还包括第四维空间——时间。描述四维空间的膨胀是非常困难的，但是我们可以通过推断气球的膨胀来解释它。

我们可以假设宇宙是一个正在膨胀的气球（图1-10），而星系是气球表面上的点，我们就住在这些点上。我们还可以假设星系不会离开气球的表面，只能沿着表面移动而不能进入气球内部或向外运动，在某种意义上可以说我们把自己描述为一个二维空间的人。

如果宇宙不断膨胀，也就是说气球的表面不断地向外膨胀，则表面上的每个点彼此离得越来越远。其中，某一点上的某个人将会看到其他所有的点都在退行，而且离得越远的点退行速度越快。

现在，假设我们要寻找气球表面上的点开始退行的地方，那么我们就会发现它已经不在气球表面上的二维空间内了。气球的膨胀实际上是从内部的中心开始的，是在三维空间内的，而我们是在二维空间上，所以我们不可能探测到三维空间内的事物。同样的，宇宙的膨胀不是在三维空间内开始的，而我们只能在宇宙的三维空间内运动。宇宙开始膨胀的地方是在过去的某个时间，即亿万年以前，虽然我们可以看到，可以获得有关的信息，但我们却无法回到那个时候。

10. 宇宙在膨胀，为什么人类在地球上的活动空间不膨胀

虽然可观宇宙的时空是膨胀的，但这种时空膨胀，至少要在千万光年的尺度上，这种膨胀在宇宙的每个点都会发生，导致宇宙没有中心。银河系就好像河流中漂流的一粒豌豆，也称"哈勃流"。这种膨胀对小规模尺度没有影响，如银河系、太阳系和地球。因为在小规模尺度上，有远比宇宙膨胀强大的力量——万有引力在维系和避免时空宇宙扩展。

宇宙膨胀最有力的证据是光谱的红移，实际上，"宇宙万物都离彼此远去"。类似于气球充气，气球表面的点与点之间的距离增加，但点本身的尺寸维持不

变。比如今天的教室是 100 平方米（图 1 - 10），几年之后还是 100 平方米，地球与月球的距离是 38 万千米，几年之后还是 38 万千米。再比如，北京和上海之间，每个世纪互相远离 1 根头发丝的直径；对于我们身体而言，膨胀 1 倍需要经过 7 亿年时间。

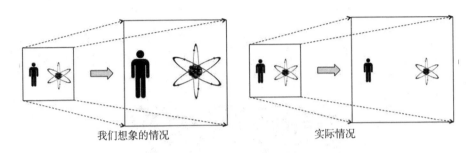

我们想象的情况 　　　　　　　　　实际情况

图 1 - 10　膨胀不会引起物体膨胀，仅仅是物体的相对距离移动了

11. 为什么宇宙中的任何物质都在旋转

地球旋转，月球围绕地球旋转，太阳系内几乎所有的星球都在旋转，银河系在旋转，其他星系也在旋转，由此可见，宇宙中的物体旋转运动是一个普遍现象。

天体的旋转动量来源于宇宙形成时的原始气体和尘云的引力坍塌。本来尘云倾向于均匀密度的、圆形的和静止的状态，但实际上，宇宙中的尘云由于引力作用的驱使，迅速地向中心收缩（图 1 - 11）。不仅其形状是随机的，密度也是不均匀的，而且内部处于一种浑浊的运动状态，在引力作用下而接近附近的天体。当宇宙中的尘云在收缩过程中，不对称的内部相互碰撞而形成一种有组织的整体旋转。当尘云继续收缩，角动量的保守性将使其加速旋转，这就如同舞蹈演员，当手臂收拢时，转动惯量减少，角速度增大。随着宇宙的膨胀，初始角动量会传播到星系的每个点上。

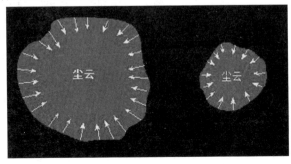

图 1 - 11　尘云收缩时，其旋转角速度会增加

12. 时间和空间的关系

人类向宇宙深处观察得越深，就越能看到宇宙早期历史。即"我们看得越远，我们就看得越远"，这里的第一个"远"指的是空间上的远，第二个"远"则指时间上的远。科学家们一直在利用宇宙的时间与空间的联系研究宇宙的历史。2016 年 3 月，哈勃太空望远镜捕捉到了 134 亿光年外的星系 GN – z11（图 1 – 12），也称婴儿星系。天文学家测算出这个星系的光是在宇宙大爆炸 4 亿年后从该星系出发，在茫茫宇宙中旅行了 134 亿年才被我们捕获。GN – z11 正处于成长期，它孕育新生恒星的速度很快。

图 1 – 12　迄今为止人类观测到的离地球最远的星系 GN – z11

13. 牛顿和爱因斯坦"引力"观点的不同

在 100 年前，科学家们一直相信 200 年前牛顿提出的宇宙模型。牛顿的宇宙模型认为：引力是一种可以在宇宙中穿行的力，这种力将宇宙中的天体拉到了一起；同时还指出，空间和时间都是稳定的，时间总是以同样的速度改变，时间不随外物变化，并可用严格的尺寸和时钟精确测量。

1915 年，爱因斯坦提出了广义相对论，改变了人们对时间的认识。在广义相对论的理论框架中，三维的时空交织在一起创造了一个四维的大尺度网状结构，而且构成了引力的发源地。时空在大质量天体（如恒星）周围会发生扭曲（图 1 – 13），这种现象在 1919 年的日食期间得到了证实（图 1 – 14）。而在牛顿的引力定律中，宇宙中的光线传播不会发生这种引力扭曲现象。

起初，爱因斯坦想象中的宇宙是球状且静止的，不会膨胀也不会收缩。但他推导出的却是一个不稳定的宇宙模型，一个微小的变化就能打破辐射和物质之间的平衡，按照这种模型推算，会得出一个宇宙向外膨胀或向内收缩的结论，并且与牛顿定律发生了矛盾。为了吻合牛顿的静止宇宙模型，爱因斯坦引入了一个参数，称为"宇宙常数"，抵消了宇宙随引力收缩的趋势。这个宇宙常数只不过是一个为了迎合牛顿的结论而捏造出来的参数，后来被人们证明是错误的。

图 1－13 光线传播到地球时被大质量天体弯曲
（图中灰色箭头为光源的视位置，白色箭头为光源的真实位置）
（图片来源：NASA）

图 1－14 1919 年 5 月 29 日，当新月遮盖了整个太阳时，天文学家测量被遮挡住的太阳附近的星光偏移量，测量结果完全符合爱因斯坦的广义相对论

14. 牛顿和爱因斯坦时空概念的区别

时空是三维空间与一维时间组合的四维模型（图 1－15）。牛顿创造出了四维绝对时空的概念，他认为绝对时间均匀流逝，绝对空间符合三维欧几里得几何。绝对时空的本性与任何具体物体以及运动状态无关。

而爱因斯坦的相对论认为时间没有绝对，时间和空间都是可变的，而且相对于"静止的"而言，越是高速运动，时钟就越是变慢，尺子就越是变短。相对论认为绝对的同时性是不存在的，也就是说，在一个参照系中同时发生的两个事件，在另一个高速运动的参照系就不再是同时发生了。所以，时空与运动状态有关。为了验证这个现象，所需要的就是一架喷气式飞机和两个原子钟，1971 年科学家做了一个实验，他们让一个原子钟绕地球飞行，然后和地面上那个原子钟比较。这两个原子钟不再相互一致，虽然两者之间的时间差只有几亿分之一秒，但证明了运动相对于时间的影响。

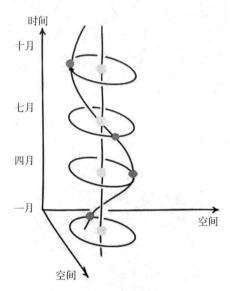

图 1 - 15　为了理解时空概念，跟踪地球在太阳轨道的位置，然后把这些跟踪情况摆在一起，得到的螺旋线就是四维时空图

15. 时空弯曲是什么

爱因斯坦认为：有物质存在，就有引力存在；有引力存在，就有引力场存在；引力场会造成时间和空间的弯曲。

时间弯曲可以这样理解，当物体在强引力场中以接近光速的速度运动时，时间也会随之发生变化。这一现象说明没有时间弯曲，但存在时间差距，而时间差距可以导致空间弯曲。

空间弯曲可以这样理解，假如从地球去天狼星，正常需要 8.6 光年，但如果打通地球到天狼星的空间，沿着这个空间隧道去，说不定只有几千米。

几年前，通过美国 NASA 发射的引力探测器对地球周围的监测，证明了爱因斯坦预言的地球周围的时空曲率，即地球的超大质量使得周围时空产生扭曲（图1–16），并且地球的自转也导致周围时空随之旋转。

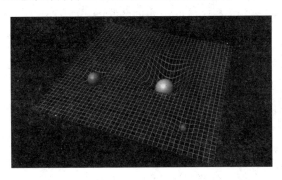

图1–16　在一张纤维网（类似时空结构）上，质量轻的球使周围弯曲程度小

16. 如果时空是弯曲的，那为什么我们仰望太空时看不到过去

爱因斯坦理论证明了时空是弯曲的，那么总会存在一束光线发射出去进入太空，因为它有可能沿着弯曲空间传播并最终回到开始的地方，为什么我们看不到呢？目前有两种解释。

首先，就人类的测量而言，宇宙是保持平坦的。这意味着，发射出去的光线就会在一条直线上永远传播下去，并不再回来。其次，如果宇宙是闭合的，但宇宙的膨胀速度非常之快，目前还在加速膨胀，光也不会回到原来的位置（图1–17）。所以，我们发射出去的光线将永远只会越来越远地远离光源。

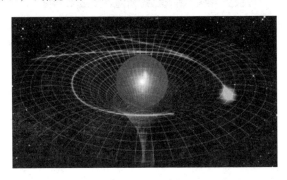

图1–17　科学家在实验室里模拟时空弯曲

17. 黑洞与时空

中国有句古话："洞中方一日，世上已千年。"这句话的意思是说当世人巧

遇神仙，只与他们待上一会儿，再返回人世间时，人间早已过了十几年，甚至百年、千年。由此可见，神仙不是生活在我们所生活的空间里，他们的时间也不是我们空间的时间，他们的时间比我们的时间慢。

爱因斯坦的时空理论认为"时间"最多不过是"存在"之一维而已，是三维之上的第四维度，"时间"可能会表现出类似"空间"变化的三种形态："弯曲""减慢"或"停止"。

只有在黑洞附近，才能产生"时间停止"。黑洞会弯曲时空（图1－18），任何物质接近黑洞就会在宇宙中消失。在一个没有空间，但具有无限质量的黑洞奇点附近，时空弯曲程度会特别严重。

另外，因为光子受引力作用，根据相对论的理论可知，当从远离引力场（比如黑洞）的地方观测时，处在黑洞附近的辐射源发射出来的谱线，其波长会变长一些，这也就是红移。

图1－18　艺术家绘制的围绕旋转黑洞的时空弯曲

（图片来源：NASA）

18. 什么是时空隧道

尽管到目前为止，除了好莱坞之外没有人能制造出"时空隧道"，但理论上时间旅行还是可能存在的。科学家认为，一般人用眼睛看不到"时空隧道"，但它却客观存在。通过时空隧道可以创建一种快捷方式，允许比光更快旅行。最近有些学者认为，"时空隧道"可能与宇宙中的"黑洞"有关，如果能够坐上飞船到黑洞附近转几圈再回来，可能地球已经过去几个世纪了，进而就可以到达未来了。

目前，科学界预言银河系中心存在时空隧道（图1－19），根据爱因斯坦广义相对论理论，银河系中心的超大质量黑洞，即位于人马座－A，也许是与黑洞相互联系的虫洞，因为具有虫洞的特征，这就意味着它可能连接到宇宙的不同区域。

图1－19　科学家预言银河系中心有一条非常长的时空隧道

（图片来源：NASA）

19. 什么是宇宙长城

天文学家通过观察发现，宇宙中还有大量的星系集合现象，这种星系集合的尺度结构看上去就好像长长的链条，所以也称为"宇宙长城"。宇宙长城比星系的尺度要大得多，它也是重力作用的结果。另外，还有一类由丝状构造和空洞组成的更大的星系集合，例如，2003年10月20日美国普林斯顿大学天文学家发现长达13.7亿光年的"史隆长城"（图1－20），好像是星系组成的巨墙。

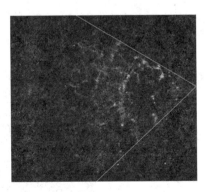

图1－20　由一连串星系组成的丝状结构的"史隆长城"

（图片来源：NASA）

20. 什么是类星体

类星体看起来很像恒星（图1－21），但实质是一种拥有高光度强射电和巨大能量的类星射电源。它比星系小很多，但是释放的能量却是星系的千倍以上，其超常亮度使其发射出来的光线能在 100 亿光年以外的距离处被观测到。

研究类星体对探索宇宙尺度有重要的价值，因为它们是迄今为止人类所观测到的最遥远的天体，并且还在不断远离我们。

图 1 - 21　类星体

21. 宇宙究竟有多大

目前没人知道宇宙究竟有多大，或许是无限的，或许确实拥有某种边界。

天文学家对于宇宙具体的形状和大小存在分歧，但是他们可以非常精确地测量和计算人类可以看得多远。宇宙的奇特性质之一就是不断膨胀。并且这种膨胀几乎可以任何速度进行，甚至超过光速。随着时间流逝，由于宇宙的整体膨胀，所有的星系将离我们越来越远。

现已观测到距离地球约为 134 亿年的类星体，结合宇宙膨胀理论，该类星体距离地球较远、远离地球速度更快等方面综合考虑，计算出一个可观宇宙的半径约为 465 亿光年（图 1 - 22），这仅仅是借助目前的测量仪器和方法所得出的结论。如果想要进一步研究这个问题，需要探索运用新的测量方法进行测算。

22. 宇宙的有限性与无限性

宇宙是无限还是有限，目前没有答案。无限宇宙论认为，如果你从地球向某个宇宙方向一直前进，你最终会进入重复出现的空间中。也就是说，最终你

图 1 - 22　膨胀的宇宙模型

会发现一个相同的你，似乎我们能够进入一个平行宇宙空间。

有限的宇宙论认为宇宙具有可观测的半径，自 137 亿年前的大爆炸后，宇宙就开始加速碰撞，由于地球并不处于宇宙的中心，137 亿光年仅为大爆炸后光传递到地球的距离。有限的宇宙论认为有限的宇宙半径约为 950 亿光年（图 1 - 23），或更大。

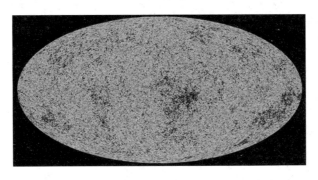

图 1 - 23 欧洲空间局普朗克望远镜绘制的宇宙微波背景辐射图

23. 未来，宇宙的命运会如何

目前，关于宇宙命运主要有三种不同的假设，但其结论都是宇宙灭亡。

第一种假设是大撕裂理论。暗能量将宇宙的结构发生扭曲，导致星系首先撕裂，紧随其后的是较小的黑洞、行星和恒星。最终，宇宙将化为乌有，只剩下单一粒子，并且不与宇宙内的其他任何物质存在联系。

第二种假设被称为"大收缩"。如果宇宙内的物质随着时间推移不断减少，大收缩便会出现，导致引力成为占据支配地位的力。引力导致宇宙收缩，其结果是恒星、星系和行星相互撞击，宇宙发生塌陷。

第三种假设是物质随着宇宙的膨胀慢慢衰变成辐射。经过数万亿年的变迁，甚至构成余下物质的原子也开始衰变和分解。恒星最终溶解，黑洞蒸发殆尽，甚至光粒子最终也将消失。

24. 可观宇宙的半径为多大

当我们抬头仰望星空时，所看到的星系总是有限，人类几千年来，总在孜孜不倦地探求，到目前为止，还没有完全了解宇宙。在观测宇宙时，我们似乎总以观察者为中心的角度看宇宙，就像一艘在地球表面大洋中航行的轮船。

随着天文观测技术的发展，科学家可以观测到宇宙大爆炸后 7 亿年左右的早期天体，可观宇宙年龄大约为 138.2 亿年。由时空、距离和光速之间的关系，可以得出宇宙的直径为138.2亿光年的倍数。如果按138.2亿光年估算，考虑宇宙加速膨胀，那么我们宇宙的可观半径则为460亿光年，即宇宙的可观直径为920亿光年。

25. 可观宇宙之外是什么样子呢

可观宇宙有一个边界，科学家也将其称为视界。天文学家认为：宇宙是均匀和各向同性的。所以，无论我们在哪里，无论朝什么方向看，对于大于星系团的尺度，宇宙都是一样的。事实上，宇宙也确实如此。

视界之外的地方，是我们永远看不到的地方。然而，视界之外是什么呢？那些地方会跟我们的可观宇宙有什么不同？或者那里跟我们的可观宇宙是一样的吗？我们没有证据给出任何答案，但那里的信息无论如何都传播不到我们这里，所以，视界之外有什么或没有什么，都与我们没有什么因果关联。另外，随着时间的流逝和宇宙的膨胀，会有越来越多的宇宙进入我们的视界，也许我们会发现视界之外的物质（图1-24）。

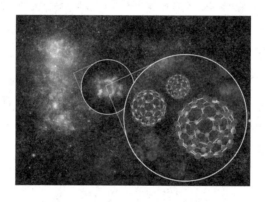

图1-24　人类正在寻找宇宙中"不可能存在"的分子

26. 宇宙的整体膨胀

1916年，爱因斯坦依据他的广义相对论断言宇宙正在膨胀。可是在那时，这个观点看上去非常荒唐可笑。于是他就在他原来的方程中加了一个额外的称为"宇宙学常数"的项。这一"项"的引入导致宇宙空间"负压强"，可以平衡物质之间的吸引，进而消除了数学表述中"宇宙膨胀"的问题。

一年之后，哈勃通过观测证实了宇宙是膨胀的，爱因斯坦称这是他这一辈子犯的最大错误。此外，哈勃还发现除了距离最近的星系之外，其他星系都在远离我们而去，而且距离越远的星系其膨胀速度越快，并且这些星系的膨胀运动并不是穿行于宇宙空间之中，而是宇宙空间自身的整体膨胀（图 1 - 25）。这意味着充斥在宇宙中的微波背景辐射也被拉长，即发生了红移。用我们熟悉的例子来比喻，宇宙膨胀就好像气球膨胀，气球表面的图案代表星系，对气球充气相当于宇宙的膨胀，这时气球表面每个图案之间的距离就会变大。

图 1 - 25　宇宙的整体膨胀

（图片来源：NASA）

27. 宇宙为什么膨胀

1929 年，美国天文学家哈勃给出关于星系的红移量与星系间的距离成正比关系，也称"哈勃定律"。哈勃推导出星系都在互相远离的宇宙膨胀理论，说明了这种膨胀不是由于斥力的作用，而是由宇宙的能量密度决定。

尽管宇宙在膨胀，但其中的引力一直试图把所有物质都拉回到一起。例如，一个从地球上发射的火箭必须以每秒 11 千米的速度才能逃离地球的引力束缚，飞向星际空间。如果在木星上发射火箭，其发射速度必须更大才可以逃离木星，因为木星的引力比地球大很多。正如行星的引力作用到火箭上试图使其改变运行方向一样，宇宙中所有物质的引力作用到星系上也试图改变所有星系运动的方向。对于宇宙的引力是否大到可以逆转宇宙的膨胀，这决定于宇宙本身的能量密度。如果宇宙的密度低于某个临界值，相应的引力便无法阻止膨胀，宇宙将永远膨胀下去。最近，天文学家又证明了宇宙膨胀的速度越来越快（图 1 - 26）。

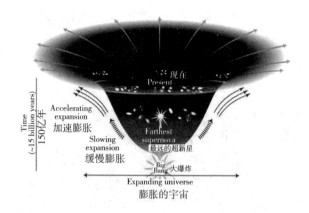

图 1-26 宇宙正在加速膨胀

28. 可观宇宙的结构

宇宙的结构是什么样子的呢？这是一个很难想象的问题。实际上，宇宙结构是由"时间"和"空间"决定的。目前，科学家已经给出三种可能的答案（图 1-27）：如果两束平行光线的距离越来越近，那么宇宙结构是球形的；如果两束平行光线的距离越来越远，那么宇宙结构是马鞍形的；如果两束平行光线永远平行下去，宇宙结构则是平坦的。

宇宙结构是平坦的这一结论是参加"银河系外毫米波辐射和地球物理气球观测项目"的多国科学家得出的。1998 年年底，科学家把射电天文望远镜放置在氦气球顶部，随氦气球上升到距地面约 40 千米的高空，在那里对特定宇宙区域进行了 11 天的观测，获得了迄今关于宇宙早期辐射最翔实的数据，给出了平坦宇宙的结论。

球形宇宙　　　　　平坦宇宙　　　　　马鞍形宇宙

图 1-27 可观宇宙的结构

29. 可变光速

对于宇宙加速膨胀的另一种解释是光速比过去慢了。假定光在过去的传播速度比现在快10%，那么来自100亿光年远的星系的光将会花费90亿年到达地球。然而，爱因斯坦的相对论认为，如果达到光速，质量便会增加到无穷大。换句话说，一粒灰尘以光速飞行时将拥有无穷大的质量，此时此刻，需要借助无穷大的能量才能让这粒灰尘以接近光速的速度移动。

目前，物理学家认为超光速飞行在理论上是可行的。科学家认为宇宙膨胀、量子力学的波函数、快子等超光速是不违背狭义相对论的。如果我们以光速运动，看到的就会一直是一个时刻的光，自身感觉好像时间停止了，其实时间还是照常流逝。根据最新报道，美国科学家发现光速随着宇宙的演变而变化。

如果我们以超光速运动，就可以追上以前发出的光，进而看到从前的东西。但这只是一种视效应，是主观感觉，而不是客观事实。即使我们通过超光速运动看到了从前，也只不过是看见从前，不是回到从前，我们不可能对看到的从前的事情做任何改变。因为，时间是一根单向轴，不能倒转，更不能停滞。但是，爱因斯坦认为我们不可能超过光速运动（图1-28），所以我们不能回到从前。

图1-28　"爱因斯坦认为我们不能超过光速运动"错了吗？

30. 怎样确定太阳系在银河系的位置

在夏季晴朗的夜晚，我们遥望星空时，可以看见一条灰色大河，即银河。在银河两边最容易看到的就是牛郎星和织女星（图1-29）。虽说它们之间只隔一个银河，但相会也不是一件容易的事，因为银河宽度为十万光年，其中有2000亿颗恒星。

目前天文学家还不了解整个银河系，但天文学家可以采取多种方式确定太阳系在银河系中的位置。通过某种测量方法就能够确定所有星星的距离，进而可以确定太阳系在银河系中的位置。如透过三角视差方法就可以确定太阳附近的恒星的位置，进而知道太阳系在它周围恒星群中的位置，再发现造父变星，就可以透过造父变星的周光关系来确定更远天体的距离，这样就能够勾画出整个银河系的轮廓图片，于是太阳在银河系中的位置就一目了然了。就好比我们确定我们在一个房间的位置，只要测量我们离四面墙壁和天花板的距离，就可以得到答案。

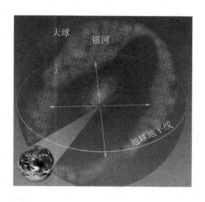

图 1 - 29　太阳系在银河系的位置

31. 怎样观察到银河系的完整形状

通常，我们在夜空中看到的一条银色带子是银河中心，而不是银河系。银河系是扁平的圆盘状，地球位于银河系的一个悬臂上。我们不能直接观测到银河系，因为我们处在银河系中，但是我们可以通过观察结果来推测银河系的形状。

假如银河系不是扁平的圆盘状，那么看上去就会有所不同。例如，如果银河系呈球状，我们看到的银河系就不会是窄窄的一条光带，而是布满整个天空。如果我们的位置大大高于或低于银河系的圆盘平面，我们就不会看到银河系像光带一样横亘在天空，而天空就会显出一半亮和一半暗的情景。通过多种情形的假设与观察，我们就可以推测出银河系应该是扁平的圆盘状，而且银河系的这种形状已经被人们所接受。夏威夷严格按照比例建造了一座银河系花园（图 1 - 30），用各种植物勾画出恒星、球状星团和星云。在围绕太阳的一些显著位置上，树叶扮演出现在夜空中的亮星。还有惟妙惟肖的猎户座旋臂、人马座旋臂和矩尺座旋臂，一根短小棒子穿过银河系中心，喷泉则代表黑洞。

图 1-30　银河系（左）和夏威夷的银河系花园（右）

（图片来源：左，NASA）

32. 太阳系是什么形状

2008 年以前，很多资料将太阳系的形状描述为圆球体，而"旅行者号"探测器发回的数据显示，太阳系并不是圆球体，而是椭球体，类似于鸡蛋形状。

1977 年，美国 NASA 发射了"旅行者 1 号"和"旅行者 2 号"星际探测器，分别沿着地球上的南北方向，飞往太阳系两端的边缘（图 1-31）。"旅行者 1 号"和"旅行者 2 号"都穿越了太阳系的激波边界，但"旅行者 2 号"穿越"激波边界"时与太阳的距离，要比"旅行者 1 号""越界"时与太阳的距离近 15 亿千米。两个探测器以完全相反的方向穿越太阳系边缘时与太阳之间的距离存在显著差异，表明太阳系不是一个简单的对称大圆球，而是近似椭球体，像个鸡蛋。

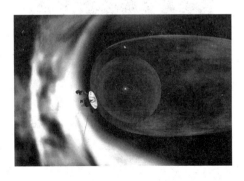

图 1-31　"旅行者 2 号"探测器飞到太阳系边界的模拟图

（图片来源：NASA）

33. 我们怎样知道银河系是一种旋臂结构呢

1785 年，威廉·赫歇尔提出第一个银河系模型，这个模型是通过恒星计数法得到的，即通过统计天空中各个方向恒星数目的多少得到的，但由于银河系中充满了吸光的尘埃，所以这个模型是错误的。后来，在 1920 年，荷兰人卡普坦通过 40 年的工作，重新利用恒星计数法提出了一个银河系模型，但得到的模型也是错误的。与此同时，美国天文学家沙普利（Harlow Shapley）（图 1–32）采用球状星团得出了银河系的正确模型，因为这种星团基本上都位于银河系银盘的外面，不会被尘埃遮挡，所以他推出太阳系不在银河系中心，而是处于银河系边缘，银河系的中心在人马座方向。他的研究成果为后来人类认识银河系奠定了基础。但他得到的只是银河系一个模糊的影像，没有精细结构。当时人们已经发现并提出银河系是旋涡结构，但沙普利不同意这种结论，直到 1940 年哈勃确定仙女座大星云不属于银河系之后，天文学家才相信银河系呈"旋状"结构，1958 年射电天文学出现之后，证实了银河系存在数个旋臂，并且是旋涡结构。

图 1–32　世界科学史上杰出人物之一——美国天文学家沙普利

34. 太阳系有多大

众所周知，太阳系由内向外依次是太阳、水星、金星、地球、火星、小行星带、木星、土星、天王星、海王星、冥王星、柯伊伯带。目前对太阳系的半径有多种定义，根据不同的定义，太阳系的半径也是不一样的。若以冥王星轨道为界，则太阳系半径为 40 天文单位；若以柯伊伯带为界，则太阳系半径为 50 到 1000 天文单位；若以太阳风层顶为界，则太阳系半径为 100 到 160 天文单位；若以太阳系的引力范围为界，则太阳系半径为 15 万到 23 万天文单位。

一般来说，太阳系的最外层就是柯伊伯带，但天文学家至今对此却知之甚少。1992年，第一个柯伊伯天体被发现，到目前为止，柯伊伯带的具体情况仍然是个谜，2015年飞往冥王星的"新视野号"探测器（图1-33）的一个重要任务就是要尽可能地摸清柯伊伯带的情况，至少要把飞行路径上的情况探索清楚。科学家打算通过比较某一个区域不同时间的柯伊伯带图像，发现可疑的移动或者天体亮度的变化等，或许会发现其他的矮行星。

图1-33　"新视野号"探测器与柯伊伯带内的小天体

（图片来源：NASA）

35. 离散盘和奥尔特云

天文学家对太阳系的边界认识还在不断更新，从古代的金、木、水、火、土，到近代的海王星、冥王星，再到现在的柯伊伯带、离散盘和奥尔特云（图1-34）。对太阳系的边界还在认识过程之中。柯伊伯带的范围是距离太阳30～55天文单位处，更远的离散盘与太阳的距离超过100天文单位，最边缘的奥尔特云内侧界线大约是5万天文单位。

离散盘是在太阳系最远的区域，主要是由冰块组成的小行星。离散盘内侧与柯伊伯带重叠，但它的外缘向外伸展且比一般的柯伊伯带天体远离黄道。目前，人们已经知道距离太阳最遥远的地方是奥尔特云。1977年发射的"旅行者1号"探测器是否离开太阳系取决于科学家对太阳系边界范围的划定，根据美国宇航局JPL实验室估计，"旅行者1号"还需要200～300年的时间才能飞抵奥尔特云，如果想要从奥尔特云的一边进入再从另一边穿出，还需要3万年的时间，奥尔特云可能向外延伸大约10万个天文单位，所以"旅行者1号"的路途依然遥远。

图1-34　柯伊伯带和离散盘

36. 宇宙之外还有多个宇宙吗

现代物理学家们对宇宙之外还有宇宙这个问题非常感兴趣，宇宙学和量子物理学已经在这方面找到了一些证据。最近，美国科学家根据欧洲普朗克天文望远镜观测到的数据，找到了多重宇宙论的"切实证据"。他们对宇宙中137亿年前的宇宙大爆炸所发出的辐射成像进行分析，发现宇宙南部的辐射量更大。本来，这些辐射应该均匀地分布在整个宇宙空间之中，而更奇怪的是，在这一区域内还存在一个"冷点"。科学家认为这种现象是另一个宇宙对我们宇宙的引力牵引而导致的。

与此同时，英国科学家在宇宙微波背景辐射图像中，发现了神秘的同心圆环（图1-35），其中五个环分别对应着宇宙演化历史上五次大规模事件。他们认为在背景辐射中的神秘同心圆是超大质量黑洞发生碰撞而留下的，这些超大质量的黑洞存在于大爆炸发生之前，随着黑洞将宇宙内的物质全部吞噬，遥远的未来将以大爆炸的形式再度开启另一个宇宙。

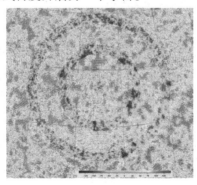

图1-35　微波背景辐射图像中的同心圆

第二部分　远古时期

二、太阳系诞生（46 亿年前—35 亿年前）

远古时代，人类认为地球就是整个宇宙，随着科学技术的进步，我们认识到地球仅仅是太阳系的一颗行星，地球在以太阳为中心的太阳系中运动，而太阳系又是银河系的一部分，那么我们所在的太阳系到底在宇宙哪里呢？

1. 康德"星云假说"

德国朴素唯物主义思想家、自然科学家康德（图 2 - 1），31 岁时匿名发表了《宇宙发展史概论》，大胆否定了宇宙起源的神创论，提出了宇宙起源的"星云假说"。他认为星云在它自身引力作用下会逐渐聚拢，形成太阳和行星。

图 2 - 1　德国哲学家康德曾在《宇宙发展史概论》中提出了"星云假说"

由于当时科学发展水平的限制，他的"星云假说"也有不少缺点和错误，曾一度被人们摒弃，但是他的基本思想是正确的。

今天，历经修改后的"星云假说"已成为太阳系起源的主流理论，修改后的假说认为旋转的物质圆盘通过从尘埃粒子到小行星和原行星连续不断地聚集，进而形成了直径达几千米到几百千米的星子。慢慢地，这些星子在重力的作用下结合成原行星，这种原行星就是现在行星的前身。

2. 太阳系形成（46 亿年前）

46 亿年前，银河系不同于今天，那时它由 5 条旋转臂组成。在银河系的 5 条旋转臂的一条臂上，宇宙云中的星际气体和尘埃渐渐开始收缩，形成质量较大的物质。又过了 5000 万年至 1 亿年后，这些收缩的星云就孕育出了太阳（图 2-2）。围绕太阳轨道的颗粒发生坍塌，渐渐地生长出星子，其直径仅仅为几千米，而轨道碎片渐渐地形成了微行星。

图 2-2 太阳系诞生初期

（图片来源：NASA/JPL）

3. 行星的形成（45 亿年前）

美国阿波罗登月计划揭示出月坑是由在距今约 45 亿年时大量天体的撞击而形成的。此后，撞击的次数很快减少。这一发现使吸积理论有了依据，吸积理论认为宇宙尘团聚在一起成为颗粒，颗粒变成砾石。砾石变成小球，然后变成大球，再变成微行星（星子），最后，尘埃终于变成了月球那样的大小（图 2-3）。随着星体越来越大，有一些星体在太阳引力的作用下，被太阳捕获，进入太阳轨道，成为内行星，如水星、金星、地球和火星。另外一些星体今天仍然独立存在，如小行星和彗星等。

图 2 - 3 流星撞击到微行星的情景

（图片来源：NASA）

4. 地球形成的初期（43 亿年前）

43 亿年前，由于地球自身的辐射，内部引力的加热和天外流星的轰炸，地球基本处于熔化状态，进而发生了较重的铁元素沉积到地心，较轻的地壳和地幔浮在地核之上，包围着地核（图 2 - 4）的现象。

图 2 - 4 受到大冲击早期地球深层岩浆挤压到表面上

（图片来源：NASA）

5. 早期地球的内部（35 亿年前）

35 亿年前，地球的地层形成了。地层从外至内包括地壳、地幔、外核和内核。地壳厚度大约为 19 千米，如果把地球收缩成一个鸡蛋大小，那么地壳厚度就是鸡蛋壳厚度的一半。地壳下面是地幔，地幔相当于鸡蛋的蛋挞液，地幔的厚度为 2900 千米，具有足够柔性，即使运动也不会断裂。地幔的温度为

870℃～3000℃。在地幔之下是地球的外核和内核（图2－5）。外核是熔融状态的，温度为5000℃～6000℃，类似于太阳表面的温度，深度为2500千米，它也是地球的磁场源。内核的温度很高，因为压力很大，所以它是固体的，是固态铁，直径约为1200千米。

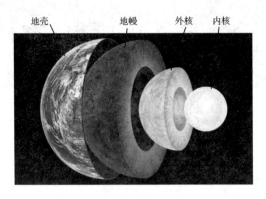

图2－5　地球内部结构

（图片来源：NASA）

6. 地球环境的形成（40亿年前）

　　地球最初就有大气层，主要是由氢气和氦气组成，但由于太阳辐射所致，这些氢气和氦气逃逸到了太空。后来，火山爆发喷射出来的气体改变了大气成分（图2－6），水蒸气、二氧化碳和氮气进入了地球的大气层。之后，水蒸气上升形成了云，不久又转化成雨落到地球上。雨水聚集成为江湖、河流和海洋，吸收大气中的二氧化碳。少量氧气出现在大气层里，氮气也不断积累。

图2－6　地球早期的大气环境

7. 地球大量的化学元素来自哪里

既然宇宙最初主要是由氢气和氦气组成，那么，地球上大量的元素来自哪里？答案是来自恒星。

恒星，比如我们的太阳，它通过自己内核的原子熔化，创造出大量的化学元素（图2-7）。特别是当恒星死亡的时候，恒星释放出的更多的化学元素和物质，包括二氧化碳、硅、氧和铁等，甚至也可能释放出生物体，丰富了宇宙尘云。

图2-7 地球上的元素来自恒星

月球则不如地球那么幸运，它没有大气层保护，所以一直遭受宇宙碎片的撞击，有些撞击它的碎片甚至与一座城市的面积一样大。

迄今为止，月球从哪里来，一直是人类争论的问题。目前有四种理论，分别为分裂理论、姐妹理论、捕获理论和撞击理论。

分裂理论认为月球曾经是地球的一部分，在太阳系形成的早期，由于某种未知的自发力量将地球和月球分裂开了。但随着航天技术的发展，阿波罗登月任务将月球土壤带回到地球，并证明月球土壤和地球土壤的化学成分是决然不同的，因此这种理论被彻底否认。

捕获理论认为月球没有固定轨道，它曾经漂泊在太空里，但进入太阳系后。被地球引力固定在现在的轨道上。

姐妹理论认为月球和地球同时形成。当地球形成时，周围还有大量尘埃和石块围绕地球旋转，靠近地球的尘埃和石块被地球捕获，而有些石块速度由于旋转速度快，无法落到地球上，便由于自身引力聚集在一起，形成了月球。

撞击理论认为太阳系刚形成的时候，一颗大小如同火星的小行星，以某种形式击中地球，并使地球喷出大量的物质（图2-8）。这些喷出物进入太空，经过重整后在环绕地球的轨道上合并成一个单一的固体，形成了月球（图2-9）。今天，计算机仿真技术可以模拟这一理论，阿波罗任务带回到地球的样本，也发现了月球上有地球的脆皮。

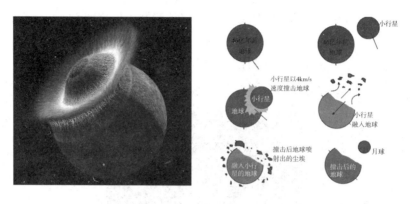

图2-8　宇宙碎片撞击一颗行星　　　图2-9　撞击理论的月球形成过程

根据陨石的放射性年代测定，太阳、行星、卫星和太阳系的绒毛大约在46亿年前形成。那么，当时的星云是什么样子的呢？太阳系又是如何形成的？对于一些太阳系的可观测特征，这是任何一种"星云假说"（也称太阳系形成模型）都必须解释的问题，本章开头已经提到，目前康德"星云假设"已经成为太阳系形成的主流理论。关于太阳系的一些可观测特征如下：

（1）在太阳系中的所有行星，其运行轨道都位于同一个平面内。

（2）太阳赤道面位于行星运行的轨道平面内。

（3）行星运行的轨道呈椭圆形，并且非常接近圆形。

（4）行星自转是沿着自西向东的方向旋转，并且太阳自转也是沿着自西向东的方向旋转。

（5）行星的内部组成各不相同，组成成分随着太阳的距离而变化，密度大又富含金属的行星位于太阳系的中心处，而体积大又富含氢的行星则位于太阳系的边缘处。

（6）陨石在化学性和地质性上与行星和月球不同。由航天器取样证明，彗星由岩石/金属和富含氢化合物的混合物组成。

（7）太阳和大多数行星的旋转方向相同，均为自西向东，而且它们的倾角（旋转轴相对于轨道的倾斜角）很小。但天王星和金星是例外（金星绕着它的自转轴从东向西旋转，而天王星则是倾斜过头了）。

（8）行星和小行星的自转速度是相似的，均以 5～15 小时为周期，除非潮汐减缓它们的速度，导致它们的自转周期延长。

（9）行星与太阳的距离遵从"波得定律"（"提丢斯－波得"定则，简称"波得定律"），这是一个没有理论根据的描述性定律。但是海王星例外，因为按照"波得定律"计算，海王星到太阳的平均距离为 38.8 个天文单位，但实际距离为 30.1 个天文单位，与实际距离有较大出入。

（10）行星的卫星系统和太阳系非常相似。

（11）奥尔特云和柯伊伯带。

（12）行星包含了太阳系约 90% 的角动量（转动物体的转动惯量和角速度的乘积称为角动量），但太阳占了太阳系超过 99% 的质量。

三、从生命大爆发到大灭绝（38 亿年前—6500 万年前）

地球最初的生命有很多科学假说，但比较可靠的有"化学起源说"和"宇宙生命外来说"。"宇宙生命外来说"最终也可以归结为"化学起源说"，这个假说的主要意思是：地球上的生命是在地球温度逐步下降以后，在极其漫长的时间内，由非生命物质经过极其复杂的化学过程，一步一步地演变而来的。

生命来自外太空吗？或许不是直接的，却有越来越多的证据。1986 年欧洲宇航局发射了"乔托号"探测器跟随哈雷彗星，目的是收集和检测彗星灰尘颗粒，希望从这些颗粒中获取太阳系诞生的初期物质。科学家假想，彗星灰尘颗粒就是 40 亿年前地球生命的"原生汤"，这种汤的原始成分有氨基酸之类的物质。"原生汤"很可能是在太空闪电和地球引力的共同作用下掉到地球上的。在地球环境下，"原生汤"就会创造出原始生命组织所需的蛋白质。

越来越多的研究成果证明：早期地球环境没有产生生命组织的氮气和甲烷气体等；在太阳系形成后的 10 亿年里，由于彗星撞击地球，把一些特殊物质带到了地球；由于地球和太阳的距离比较特殊，地球才有一种特殊环境，进而导致彗星撞击带来的物质孵化出生命。

图 3 - 1　来自彗星的水、氨、甲醇和二氧化碳等元素，会导致地球产生氨基酸

1. 原核生物的诞生（38 亿年前—35 亿年前）

在物质科学理论中，生命起源的研究对象主要是关于地球上的生命。原始生命诞生之初是厌氧细菌一类的原核生物（图 3 - 2），原核生物是地球上最早出现的生命。原核生物是一种细菌，大部分原核生物为单细胞生物。原核细胞具有多种形状，如球形的称为球菌，杆状的称为杆菌，螺旋形状的称为螺旋体门，逗号形状的称为弧菌属。在环境适宜的情况下，原核生物繁殖很快。如在海底的温水喷口处，可以迅速生长，随后又转化成能够进行光合作用的蓝藻类生物。

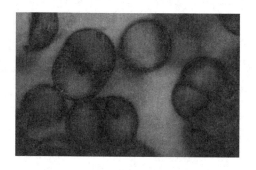

图 3 - 2　显微镜下的原核生物

原核生物在地球上占支配地位的时间大约是 15 亿年，今天地球上仍然有原核生物的生命。鞭毛虫就是原核生物（图3-3）。这种原核生物分布广，种类多，生活方式多种多样。鞭毛虫靠寄生生活，主要寄生在动物的消化道、泌尿道、血液及阴道里，延续后代是以二分裂方式繁殖。在动物组织中也有类似鞭毛虫的细胞，如精虫。

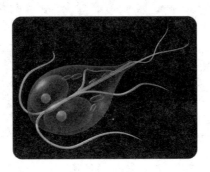

图3-3 鞭毛虫

2. 地球"大氧化事件"（30亿年前）

地球"大氧化事件"是指大气层中的游离氧含量突然增加的事件（图3-4）。这一事件的具体原因尚不得知，但大多数科学家认为，30亿年前，地球大气层里有微量的氧气存在，由于海藻类植物进行光合作用，使得地球上的氧气迅速增加，而破坏氧气的甲烷细菌所依赖的镍的数量急剧减少，使得大气中的含氧量大量增加。

几年前，加拿大的科学家研究证明：地球在30亿年前，只有少数的区域存在不含杂质的纯氧。但由于地壳突然在24亿年前急速变化（图3-5），在2亿年的时间里大气中的纯氧含量急速增加了1万倍，出现了"大氧化事件"。

图3-4 "大氧化事件"改变了地球上的生命（这种改变直到永远）

科学家认为"大氧化事件"使地球上矿物的成分发生变化，为日后各种生命的诞生提供了机会。

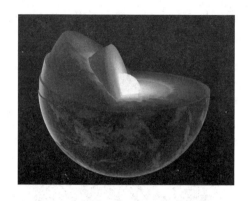

图 3-5 地球核心结构（地壳的突然变化令地球的纯氧含量大增）

（图片来源：NASA）

3. 原核生物大规模繁衍（25 亿年前）

生物体呼吸氧气，开始茁壮成长，同时借助 DNA 大规模繁衍。DNA 作为执行生物遗传功能的分子，从亲代到子代的复制过程中，遗传信息传递可以高度保真（图 3-6）。

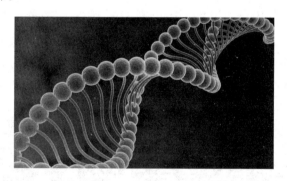

图 3-6 DNA 链的分子动力学模型

4. 地球上开始出现动物（6 亿年前）

地球上最早的动物是什么？科学家通过对海绵基因检测与其他动物，如苍蝇、鱼、蛙和人的基因比对，发现地球上生命最早的祖先是海绵，包括藻类、扁形虫和海蜇等（图 3-7），它们在地球上已生存至少 6 亿年了。

图 3 – 7　海蜇是地球上的早期生命之一

5. 寒武纪生命大爆发（5.7 亿年前—5.3 亿年前）

当科学家考察岩石层、化石和改变世界性的历史事件时（如灭绝性事件），通常会用到"地质时期"这个名称概念。地质学家把地球历史分成两个时期，一个时期是从地球形成一直延续到大约 5.43 亿年前，称为"前寒武纪"；另一个时期是从"前寒武纪"时期末一直到现在，称为"显生宙"。在这两个期间的跨度里，还可以按照年代分解，由此构成更小的周期单元。

"寒武"这个名字来自英国威尔士的一个古地名，该地的寒武纪地层被最早研究。1835 年英国地质学家塞奇威克首先将"寒武纪"引进地质文献。

寒武纪生命大爆发是指 5.7 亿—5.3 亿年前，在 6500 多万年的时间里地球海洋里突然出现众多种类的生物，至今为止考古学家还没有在地层中找到更为古老的生命化石的迹象。目前，寒武纪生命大爆发被视为古生物学和地质学上的一大悬案，自达尔文以来就一直困扰着包括进化论在内的学术界。

关于寒武纪生命大爆发的生物化石遗迹，在世界很多地方被发现，如加拿大不列颠哥伦比亚省的伯吉斯页岩。1909 年，美国古生物学家查尔斯·都利特·沃尔科特（图 3 – 8）在野外调查结束的时候，发现了伯吉斯页岩（图 3 – 9）。隔年，他带着他的几个儿子在那里建立了采石场，开挖化石，直到 1924 年他 74 岁为止，其间几乎每年他都到那里挖掘，总共发掘了65 000 件化石标本。

图 3 - 8　古生物学家查尔斯·都利特·沃尔科特在化石采石场

图 3 - 9　伯吉斯页岩

6. 奥陶纪物种大灭绝（4.38 亿年前）

"奥陶"一词由英国地质学家拉普沃思于 1879 年提出，代表英国阿雷尼格山脉向东穿过北威尔士的岩层。奥陶纪是古生代的第二纪，在奥陶纪开始时，动物仅生活在海洋中，可奥陶纪结束时，动物已经向陆地迈出了试探性的一步。

在奥陶纪，85% 的海洋物种在 6700 万年的时间内完全灭绝了（图3 - 10）。科学家认为，导致奥陶纪物种大灭绝的原因很可能是一颗直径大约为 12 千米的天体撞击了地球，但考古学家和天文学家至今还没有找到奥陶纪物种大灭绝与天体撞击地球的联系。

此外，有些科学家推测，可能是由于一颗超新星释出的伽马射线，持续了

10秒，摧毁了地球的部分臭氧层，导致太阳释出的紫外线肆无忌惮地开始袭击地球，引发地球浅海处的大量生物死亡，破坏食物链。

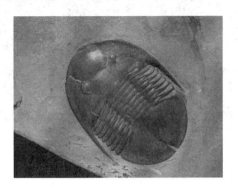

图3-10　奥陶纪的三叶虫化石

7. 生命从海洋延伸到陆地（4亿年前—3.5亿年前）

海洋生物离开水环境并适应在陆地上生活，逐渐进化成了两栖动物和昆虫。最早的陆地动物像鱼类一样，如具有四条腿的"鱼甲龙"（图3-11），这种动物是最原始的两栖类。而最早出现在陆地上的植物是裸蕨类植物。

图3-11　从海洋走向陆地的"鱼甲龙"化石

8. 著名的"希杰环陨石坑"（3.77亿年前）

在3.77亿年前，一颗巨大的陨石从天而降，撞击地球后形成了一个著名陨石坑，英文称为"Siljan Ring"，翻译为希杰环陨石坑。科学家认为这次陨石撞击地球的事件，对泥盆纪物种灭绝产生了深远的影响。希杰环陨石坑直径大约为52千米（图3-12），位于今天的瑞典，它是欧洲最大的陨石坑。

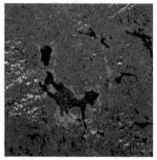

图 3 – 12　陨石撞击地球（左）和希杰环陨石坑（右）

（图片来源：左，NASA）

9. 泥盆纪海洋物种大灭绝（3.65 亿年前）

泥盆纪末在 3.65 亿年前，发生了第二次物种大灭绝事件，大约 85% 的物种灭绝了（图 3 – 13）。至今科学家还没有弄清楚灭绝的原因，他们猜测，有可能是一颗陨石撞击地球所造成的。

图 3 – 13　晚泥盆纪灭绝的动物古化石

10. 地球上规模最大的物种灭绝事件（2.45 亿年前）

二叠纪末，一个不为人知的全球性灾难性事件杀死了大约 95% 的海洋生物和许多陆地动物（图 3 – 14）。这个地质时期从大约 2.9 亿年前起，一直持续到 4200 万年前，这是地球历史上最大的物种灭绝事件。造成这次灾难性事件的诱导因素，可能是火山喷发、陨星或彗星撞击等。

图 3 - 14　二叠纪时期末的古化石

11. 曼尼古根撞击坑（2.14 亿年前）

2.14 亿年前，也就是三叠纪时期，一颗直径 5 千米的天体，陨落在加拿大魁北克的曼尼古根（Manicouagan）。这颗小天体在地球表面撞击出了一个直径为 100 千米的大坑，尽管已经遭受 2 亿多年的严重冲刷，但这一陨石坑依然被认为是世界上规模最大、保存最为完好的陨石坑。今天，这个坑呈一个环形湖，也称曼尼古根湖（图 3 - 15）。

图 3 - 15　曼尼古根湖

12. 恐龙的蓬勃发展（2.1 亿年前）

三叠纪位于二叠纪和侏罗纪之间，三叠纪的开始和结束各以一次灭绝事件为标志。这段时间的海平面下降之后又上升了，出现了大面积缺氧的海水，所以岩石标志非常明显和清晰。在 2.48 亿年前至 2.08 亿年前这段时间，地球上消失了 75% 的物种，包括昆虫、脊椎和海洋生物。

恐龙是三叠纪灭绝事件中的最大获益者。在此后的 1.38 亿年中，恐龙是地球上最主要、种类最多、数量最大的动物群，它们成为地球的霸主（图 3－16），统治地球直到第五次物种大灭绝。

图 3－16　迅速发展壮大的恐龙群体

（图片来源：NASA）

13. 最早的哺乳动物（2 亿年前）

哺乳动物最早出现在三叠纪末到侏罗纪初。2 亿年前，一种小小的、毛茸茸的像鼠类一样的动物（图 3－17），从爬行动物进化到哺乳动物，这类动物的外观体形与今天人们所见的松鼠差不多，身体全长 10 厘米，体重在 40～300 克之间，有尾巴、嘴、鼻子和足，并且其尾巴和足部特征表明它们平常都在树上生活，以昆虫、果实和坚果作为食物。

图 3－17　最早的哺乳动物

14. 太空呈现始祖鸟（1.5 亿年前）

始祖鸟是一种带翅膀的爬行动物，也是人类知道的最早的鸟，它起源于三叠纪二脚行走的槽齿类动物。从始祖鸟的化石构造分析，它与初龙类有亲密的关系。始祖鸟的翅膀展开时大约 12 米长，是迄今具有飞行能力的最大的动物（图 3 - 18）。科学家认为，始祖鸟的飞翔能力与野鸡相当，适于短距离的树间或树到地间飞行。

图 3 - 18 带翅膀的爬行动物

15. 月球第谷坑的形成（1.08 亿年前）

在 1.08 亿年前，一颗陨石撞击月球，形成了一个被称为"第谷坑"的陨石坑。因为"第谷坑"的形状类似环形山，所以科学家也称它为"环形山"。在航天时代到来之际，"第谷坑"也是人类航天器探索的第一个目标。

"第谷坑"直径为 85 千米（图 3 - 19），中央峰从东南到西北的宽度大约是 14.97 千米。当满月时，人们不需要借助望远镜就可以看见它。因为月球不存在大气，也没有腐蚀，所以"第谷坑"已经完整地保存了 1.08 亿年。

16. 恐龙时代的结束（6500 万年前）

在 6500 万年前，一颗直径为 10 ~ 16 千米的陨石或小行星，狠狠地砸到了地球上的墨西哥尤卡坦半岛附近，引起了激烈的爆炸，随之又产生了巨大的海啸，掀起了弥漫全球的尘埃。浓重的尘埃和大量碎石烂片被抛入大气中，形成了遮天蔽日的尘

图 3 - 19 月球上的第谷坑
（图片来源：NASA）

雾，像地毯一样阻止了太阳光线照射地球，破坏了植物的光合作用。持续半年后，地球上的食物链遭到破坏，进而导致恐龙灭绝（图3-20）。

然而，在这次灾难里，哺乳动物的祖先大带齿兽却顽强地活了下来，它们的后代在恐龙时代结束后成为地球的统治者。

图 3-20　导致恐龙灭绝的天体撞击事件

四、人类诞生（3550 万年前—16 万年前）

人类经常思考一个与自身有密切联系的问题：地球上最早的一个人是怎么来的？现代人的直系祖先是谁？他们到底来自哪里？围绕这些问题产生了两大学说："多地区进化说"和"出自非洲说"。目前，有关现代人起源的研究还处于盲人摸象阶段。

但是，科学家们普遍认同陨石撞击使得地球环境发生变化，恐龙灭绝，同时开启了人类诞生序幕的说法。

1. 世界上最大的陨石坑（3550 万年前）

在 3550 万年前，一块巨大的宇宙卵石从天而降，撞击到美国切萨皮克海湾，砸出了一个直径为 90 千米的大陨石坑。这个陨石坑距离美国的首都华盛顿约 200 千米，由于海水覆盖，一直没有被人类发现，直到 1983 年美国一支钻探队在此地进行钻探，才发现了这个世界上最大的陨石坑（图 4-1）。科学家对这个陨石坑的结构进行勘测和分析，确认它是 3550 万年前的陨石坑。

图 4 - 1　有陨石坑的美国切萨皮克海湾

2. 陨石撞出的梦幻景点（1500 万年前）

传说在 1500 万年前，一颗宽度为 1 千米的陨石，以每秒 25 千米的速度撞击地球。当这颗陨石进入地球大气层时，由于摩擦产生热量而碎裂，其中最大的碎石块的爆炸力相当于美国当年投到日本广岛原子弹的几百万倍。最大的那块陨石撞击到地球后形成了一个直径为 24 千米的陨石坑，其余碎陨石块则撞击出若干个不起眼的小陨石坑。

当时的撞击地点位于现在的德国和捷克斯洛伐克，今天这里已经成为一个风景秀丽的德国旅游城镇（图 4 - 2）。直到 1960 年，考古学家在当地教堂的塔上发现了一种只有在陨石撞击点才能找到的奇怪石种，才证实了这个小镇是盖在陨石上的传说。因为陨石坑的原因，小镇形状呈一个圆形，直径为 25 千米，深度为 100 ~ 150 米。

图 4 - 2　建立在 1500 万年前的陨石上的德国旅游城镇

3. 来自 250 万年前的光线

仙女座星系是距离银河系最近的星系，人类很早就发现它了，因为它是人类用裸眼唯一能观测到的最远的深空天体。早在一千多年前，一位波斯天文学家就把它的存在描述为夜空中的一朵"小云"。进入望远镜时代，第一个用望远镜观测和记录仙女座星系的天文学家是西门·马里乌斯（图4-3），时间为1612年。

非常有趣的是，仙女座星系距离地球大约250万光年，所以当人们一眼望去，看到的是250万年前人类祖先——南方古猿穿过非洲大草原时仙女座星系所发出的光。而光从地球到月球的时间不到2秒。

图4-3　仙女座星系（左）和德国天文学家西门·马里乌斯（右）

（图片来源：左，NASA）

4. 人类最早的祖先（400万年前）

考古学家认为：人类最早的祖先是南方古猿（图4-4），它是黑猩猩的分支。在400万年前，由于当时东非地区环境不断从潮湿向干燥转变，导致大量的森林变成草原，而南方古猿的子孙在那里不断进化，逐渐适应了环境并繁衍。

图4-4　人类的祖先——南方古猿

5. 发现"能人"（220 万年前）

1960 年，人类在坦桑尼亚西北部的奥杜威河谷附近，发现了"能人"遗迹（图 4 - 5）。"能人"是介于南方古猿和猿人的中间类型，出现在 220 万年前，是地球最早的人类种族。"能人"身高 1.3 米，门齿和犬齿较大，而且有一双长长的手臂，能够制作和使用石质工具。

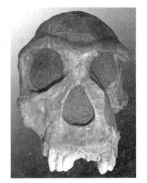

目前，考古学家认为："能人"是匠人的祖先，匠人是直立人的祖先，但还不确定"智人"是否是"能人"的直接后代。

6. 发现"智人"（16 万年前）

在 16 万年前，非洲是现代人类最早的家园，今天的大部分科学家称那里的古人类为"智人"（图 4 - 6）。"智人"不是 13 万—12 万年前出现在欧洲及

图 4 - 5 "能人"的头骨

西亚的古人类，这两种古人类的头骨和身体形态不同。另外，尼安德特人，简称"尼人"，也不是"智人"。经过 16 万年的时间，"智人"从热带到南北两极不断繁衍。2.4 万年前，"尼人"不明原因地消失了，唯有"智人"繁衍了下来。

图 4 - 6 最早出现在非洲的智人

从猿到人的过渡阶段结束后，人类的体质形态仍在继续发展。人们长期把这一发展过程分为猿人、古人、新人三个阶段。由于化石材料的不断丰富和人们认识的不断深化，这一分期法已不合用。

　　国外学者主要采用两种分期法：一种分为南方古猿、直立人、智人。智人又分为早期智人和现代智人。另一种分为最早人类、直立人、早期智人、现代智人。

　　中国学者也提出4个阶段的划分法：早期猿人、晚期猿人（直立人）、早期智人、晚期智人。"早期猿人"相当于国外学者提出的"最早人类"阶段。

第三部分　望远镜时代前

五、建造巨石阵（4.9 万年前—公元前 1500 年）

英国的巨石阵是令人难以置信的古迹之一，也是令人费解的世界文化遗产之一，关于巨石阵的作用有太多猜测，广为流传的说法有三种：

第一种猜测：祭祀者说，除了英国诸岛，在欧洲大陆的法国、爱尔兰、西班牙等地区也有类似的巨石阵遗址存在。巨石阵的结构很可能与宗教信仰有关，也有人认为巨石阵是用来埋葬死者的墓地。

第二种猜测：天文学者说，石阵中的各种迹象神秘莫测，但它确实与天文学有着密切的联系。

第三种猜测：狩猎者说，除了用于天文观测外，还用于打猎。

多年来，地质学家慢慢开始追踪岩石本身的起源，帮助解释巨石阵的来源以及其本身的构造方式。

1. 有史以来保存最完好的陨石坑（4.9 万年前）

大约 4.9 万年前，一颗直径为 40 米、重达几十万吨、下落速度达 6.4 万千米的铁陨星，撞击在美国亚利桑那州弗莱格斯塔夫东部的沙漠里，这次撞击所产生的威力相当于 2000 万吨炸药爆炸，由此产生了直径为 1.6 千米，深 175 米，边缘比周围平原高出 45 米的陨石坑（图 5 - 1）。

如果撞击发生在世界其他区域，例如，森林或海洋，经历 4.9 万年后将不会留下可辨认的痕迹。通常而言，地球的陆地平均 1000 年经受一次这样大的撞击，而陆地每发生一次撞击，海洋就会发生两次。

1903 年，这个陨石坑改名为巴林格陨石坑，这个名字取自矿业工程师丹尼尔·巴林格。20 世纪初，巴林格最先指出它是陨星撞击造成的，比人们普遍接受这一观点早50多年。今天，巴林格陨石坑已经成为世界有名的旅游胜地。

图5-1　位于美国亚利桑那州著名的流星陨石坑

2. "月历"开始走进人类生活（公元前2.8万年）

公元前2.8万年，在法国布朗夏尔附近的天文爱好者们在动物骨骼上留下了记录月球月相的痕迹（图5-2）。那时，很多关于时间的记录和追踪，都是通过月亮的规律性变化来体现的。

月相主要有四个阶段：新月、上弦月、满月和下弦月。月相的每个阶段大概相隔一周，通常月历上会有标记。月球是最早进入人类文明的天体，"人有悲欢离合，月有阴晴圆缺"，这句话提到的圆缺就是指"月相变化"。从新月到满月，月亮看起来越来越大。而随着时间的推移，月亮又会越来越小，因为它又回到了新月阶段。变得越来越大的阶段出现在下午和傍晚，而变得越来越小的阶段出现在深夜和清晨。

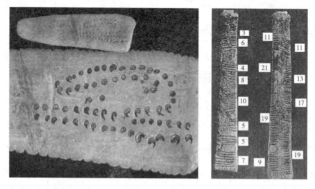

图5-2　记录月相的动物骨骼（左）和具有数字的黑骨头（右）

在非洲中心地区，考古学家发现黑骨头（Ishango Bone，伊塞伍德骨）上面也刻有一些符号，符号代表数字，似乎是每月循环跟踪月相的标志。今天，科学家确认这种黑骨头也是一种早期的史前阴历。

3. 世界上最早带有月相的绘画作品（公元前1.4万年）

1940年，法国韦泽尔峡谷的四个儿童带着狗追捉野兔，突然野兔和狗都消失了。孩子们发现兔和狗跑进了一个山洞，这个山洞就是著名的拉斯科洞。今天人们也称它为"史前的卢浮宫"。

四个儿童进入洞里，发现这是一个不规则形状的圆厅画廊，圆厅顶部画有65个大型动物，野马、野牛、鹿，各有2～3米长，还有4头公牛，最长的有5米以上。经过专家鉴定，确认这是公元前1.4万年的绘画（图5-3），其中也画出了月相，是较为古老的月历之一。

图5-3 拉斯科洞的古画

4. 埃及人创建的公历（公元前4236年）

公元前4236年，埃及人创造了一年365天的公历，并且将一昼夜划分成24小时。当时埃及人依靠尼罗河生存，所以尼罗河就是埃及人的命根子，但是尼罗河每年都泛滥（图5-4），并且呈周期性地泛滥。为了计算尼罗河泛滥周期，他们把天狼星第一次和太阳同时升起的那一大，作为一年的开始。这之后，再过60天左右就是尼罗河泛滥的时候。

最初的公历设为一年360天，后来改为一年365天，由于公历是观测天狼星确定出来的，所以公历也被称为"天狼星年"。随着时间的流逝，埃及人根据尼罗河泛滥和农业生产的情况，把一年分为三季，分别为洪水季、冬季和夏季。每季4个月，每月30天，每月里10天一大周，五天一小周。全年12个月，另加 5 天在年尾，为年终祭祀日。

图 5-4　尼罗河洪水泛滥的情景

5. 亚当和夏娃的诞生（公元前 4004 年）

公元前 4004 年是创世之日，也就是所谓的亚当和夏娃诞生之日。创世之日是由英国圣公会大主教詹姆斯·乌瑟尔（图 5-5）把《圣经》中所有的先知和国王的年龄加起来，得出的一个相当精确的结论：人类诞生于公元前 4004 年 10 月 23 日的黄昏，礼拜天的前一天！乌瑟尔测算和设计的年历于 1650 年首次出版。

图 5-5　詹姆斯·乌瑟尔（1581 年 1 月 4 日—1656 年 3 年 21 日）

6. 开始观测太阳（公元前 3200 年）

公元前 3200 年，爱尔兰的新格兰奇建造了一种称为新石器时代的坟墓（图

5 - 6），坟墓直径约 80 米，高约 10 米。这种坟墓的通道恰好与太阳对准，使得冬至那天，即冬天的第一天，太阳光线从通道照射进去，可以照亮坟墓里的后壁。这也是人类首次建造的太阳观测台。

图 5 - 6　建造在爱尔兰新格兰奇的坟墓

7. 最古老的天文台（公元前 4000 年）

金字形神塔是古代苏美尔人建造的庙宇（图 5 - 7），一般都建在高地上，也是苏美尔人神祇崇拜的象征性建筑物。公元前 4000 年，苏美尔地区的天文学家在金字形神塔的顶端设立天文台，观测夜晚的天空。

提到天文台，人们立刻会联想到穹顶建筑，以及巨大的望远镜。事实上，天文台出现在望远镜之前。在中国境内和阿拉伯世界也曾出现过许多欠缺望远镜的古代天文台，但如今只剩下一堆遗址，甚至连遗址也找不到了。

图 5 - 7　最古老的金字形神塔天文台

8. 玛雅人创造了"长历法"（公元前3114年）

"长历法"是南美玛雅人创造的，也称为玛雅历法，这种历法把最初的计算时间一直追溯到玛雅文化（图5-8）的起源时间，即公元前3114年8月11日。在玛雅历法中，1 872 000天算是一个轮回，即5125.37年。从公元前3114年8月11日起，到2012年冬至，正好是1 872 000天，就意味着一个时代的时间结束了，即完成了5125.37年的一个轮回。由此可见，关于网络上流传的玛雅预言2012年冬至是世界末日的观点是错误的，而正确的观点是公元前3114年8月11日那一天是玛雅历法中重新计时的"零天"，则2012年12月21日表示一个轮回结束，一个新的时代开始，并非指世界末日。

图5-8　玛雅文化遗产

9. 英国的巨石圈（公元前2900年至公元前1600年）

公元前2900年至公元前1600年，在英国索尔斯堡平原上出现了不同时期建造的巨石阵，也称为巨石圈（图5-9）。巨石圈石头的布局与天文现象紧密联系，它的主轴线与夏至日早晨初升的太阳在同一条线上，其中还有两块石头的连线指向冬至日落的方向。

至今没有人知道当初建造它的目的是什么。一些专家猜测这些巨石圈是人们在季节变化之际举办庆祝活动的遗址，或是早期英国部落组织举行仪式的中心。另一些科学家则猜测这些石圈是用来悼念死者的纪念物，因为在英国的墓葬中发现一些石器雕刻，而巨石圈中的石柱上也有一些类似的雕刻。

图 5 - 9　位于英格兰威尔特郡索尔兹伯里平原的巨石阵遗址

10. 世界著名的古天文台（公元前 2500 年）

位于美国怀俄明州医药山顶峰的古天文台（图 5 - 10），也称为"医药山轮状石头堆"，由许多像鞋子大小的石块排列而成，直径大约为 25 米。由医药轮圆心指向外围石堆的方向，恰好是夏至时太阳升起的方向。在山顶上，有三个轮状石堆的圆形分别指向天狼星、毕宿五和参宿七升起的方向，而且这三颗恒星在神话里都有着奇特的传说故事。

除此之外，在北美其他地方，类似这样的石堆已经发现了 70 多个，但不是天文台，而是印第安人建造的葬礼遗址，其中少数石头堆有 1000 ~ 2000 年的历史，至今还没有搞清楚是谁建造的以及是在什么时期建造的。

图 5 - 10　美国怀俄明州古天文台

11. 中国建造的古天文台（公元前 2300 年）

20 世纪末，一座庞大的史前古城在晋南的汾河之滨崛起，这里出土一处半圆形遗迹，考古学家认为这是一座世界上最古老的天文台，大约修建在公元前 2296 年。据史料记载，中国是世界上天文学起步较早的国家之一，在世界天文发展史上，中国观测天文所取得的成果占有重要地位，其中包括太阳黑子、超新星和日食的观测记载。中国也是最早观测彗星的国家（图 5 - 11），哈雷彗星每 76 年出现一次，史料记载中国已经观测 31 次了。

图 5 - 11　《水浒传》中的"智多星"吴用　　　　　**图 5 - 12　日全食**

12. 发现日食（公元前 2134 年）

公元前 2134 年 10 月 22 日，"太阳和月亮出现了不和谐相遇的现象"，也称为日食（图 5 - 12），中国天文学家对此现象进行了观测和记载。与此同时，还诞生了一个广为人知的传说，这次日全食的发生，让两名占星官丢了性命，原因是他们没能及时预报日全食，导致人们来不及准备弓箭和锣鼓"吓跑天狗"。1600 年，由于对日食的无知，生活在北美的印第安人误以为太阳被盗，争先恐后地向天上发射火箭，试图重新点燃太阳。

13. 发现月食（公元前 2000 年）

公元前 2000 年，美索不达米亚的月食记录是世界最早的月食记录，其次是公元前 1136 年中国的月食记录。当满月暂时进入地球的黑暗阴影时就会发生月食现象，此时在不用望远镜的情况下也能很容易地观察到。

古代中国与非洲民间称月食现象是"天狗吞月"，天文学家张衡认为："月食是地球走到月亮的前面把太阳的光挡住了。"另外，在人类没有航天能力之前，天文学家一直通过观测月食来探索地球的大气结构。如公元前 4 世纪，亚里士多德在月食期间发现地球的影子是圆的，进而推断地球是球形的；公元2世纪，托勒密在月食期间研究月球运动，今天人们依然用这种方法研究月球（图5-13）。

图 5-13　发生月食

14. 记录月相（公元前1800年）

公元前1800年，巴比伦天文学家开始记录月亮升起时间和新月出现日期，他们也是世界上第一代比较系统地观测星空的人，并且发明了历法规则。新月开始在日月合体后的一两天，它的发生时间取决于太阳和月亮的运行速度以及月亮在地平线上的高度，因此古巴比伦人将这种现象的出现作为一个月的开始。他们利用月相周期计算历法（图5-14），一个月相周期为29.5天，所以他们制定了大月30日、小月29日的历法。

图 5-14　周期变化的月相

（图片来源：NASA）

15. 天体与人类生命相结合（公元前 1646 年—公元前 1626 年）

天文观测日渐发达，苏美尔人越来越了解世界的秩序和天体运行之间的关系，他们认为行星位置与老百姓命运不相关，但行星位置确与国王健康有关，因为国王的施政决定了国家的走向，国家和国王本人已经是不可分割的了。

19 世纪中叶，考古学者在伊拉克北部古城发现了"金星书卷"，这是一套以楔形文字书写的泥版，文字记载了关于金星位置与君主健康的占卜描述（图 5 - 15）。经鉴定，这套泥版是在公元前 1646 年至公元前 1626 年制作的。

图 5 - 15　"金星书卷"上提到的金星位置决定着这位君主的命运

16. 日晷在埃及建成（公元前 1500 年）

公元前 1500 年，在埃及建成世界最早的日晷。人们一开始只是把它视为一个垂直插在地上的校准杆，通过估算太阳移动的影子来确定时辰。

虽然日晷没有我们今天的时钟这么精确，但是它的工作原理简单，仅仅是依据地球旋转时太阳与地球间变化的相对位置来判断时间（图 5 - 16）。

图 5 - 16　位于明故宫的日晷

六、古代的天文观测（公元前 1223 年—公元前 7 年）

古人经过长期夜观天象的经验累积，发现星象是有规律可循的，而且与地球的时节息息相关。但是由于古人认知科学发展水平的限制，常常将观测到的星象看成是大灾大难降临的预兆，导致我们的传统文化中包含着一些迷信的成分。

自古以来，人类认识天象，主要通过两个途径：一是实际观察和记录；二是经验积累和对比分析。

1. 最早记录日食的泥版（公元前 1223 年）

在远古时代的泥版上，考古学家发现了最早的日食记录。人类最早描述日全食，可追溯到公元前 1223 年 3 月 5 日的日全食，当时古巴比伦人将这次日全食的一些现象记录在一块泥版上。直到近代，考古学家们才在叙利亚北部海岸的乌里加特的废墟里发现了这块泥版（图 6-1）。

图 6-1　记录了公元前 1223 年日全食信息的泥版

2. 人类世界最早的年鉴（公元前 1220 年）

年鉴是人类记录自己在劳动实践中取得的系统知识，特别是从地球角度年复一年、周而复始地观察天体运动而取得的天文知识的最早出版物。

人类世界最早的年鉴是远古时期埃及法老统治时代（图 6-2）创建的。那时的年鉴里已经涉及了许多著名的星座和恒星，如猎户座和天狼星、水星、金星、木星、土星等。

图 6 - 2　埃及阿布辛拜勒神庙的法老拉美西斯二世的雕像
（其中一个雕像因地震缺损了头部）

3.《易经》猜测太阳黑子存在的可能性（公元前 800 年）

《易经》不仅反映了古人对天文历法与易学的相通性，也是一部关于事态变化之书，它能对未来事态的发展进行预测。在公元前 800 年，《易经》涉及了彗星、流星、新星、日月五星以及各种星图、星表等丰富的天文内容，而且还涉及了关于存在太阳黑子的猜测。

当时的占星师，利用薄云雾过滤和减弱日光的强度，可以偶然地瞥见太阳黑子（图 6 - 3），也证明了《易经》的猜测是正确的。不过，用这样的方法观察太阳是很危险的，很可能对观察者造成永久性的眼部创伤。

图 6 - 3　傍晚透过薄云雾观测到的太阳

4. 《圣经》描述日食（公元前763年）

公元前763年6月15日，巴比伦地界的尼尼微地区突然暗淡（图6-4），整个太阳被黑暗吞噬。在阿莫斯的《圣经》中，亚述地区的天文观察者曾记录并描述道：我将让太阳在正午时落下，让白天的地球沉浸在黑暗之中。《圣经》中的这一描述是很精确的，在日全食的整个过程中，新月覆盖了太阳，这样的状况持续了几分钟，致使明亮的白天变成了怪诞可怕的黑夜。

我国记载日全食，比国外早得多。我国最早关于日全食的记载是在《尚书》中，记载了发生在公元前1948年的日全食。在甲骨文中，有1000多次日食记录。

图6-4　公元前763年6月尼尼微的亚述丹三世正在观看日食

5. 最早运用天象管理农业（公元前700年）

传说，生活在公元前8世纪的古希腊诗人赫西俄德（图6-5），经常去缪斯的住地，他们渐渐成为朋友。有一天赫西俄德在放羊时，缪斯给了他写诗的本领。后来，赫西俄德采用诗歌的形式，向人们叙述了怎样利用星象判断收割农作物的最佳时机，这也类似于今天人们利用月相来判断播种和收获的时机。

图 6 - 5　希腊诗人赫西俄德

6. 最早记载的陨石砸死人的事件（公元前 616 年）

公元前 616 年，一位中国史官记载了一次陨石撞击后的情景（图 6 - 6）。这块陨石是一块以高速穿过地球大气层的小行星碎片，撞击地球时摧毁了一辆战车，并砸死了 10 个人。

今天统计，地球按 70 亿人口计算，大约有 10 个人可能会被 200 克以上的陨石砸中，但未必会砸死人。所以，近代历史上还没有出现过陨石撞击造成的人员死亡事件，尽管汽车和房屋偶尔会被撞击。

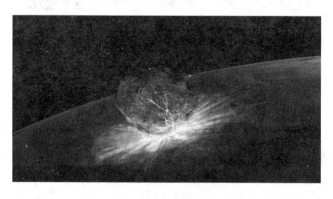

图 6 - 6　坠落地球的陨石

（图片来源：NASA）

7. 从发现"沙罗周期"到预测星象（公元前 612 年—公元前 600 年）

公元前 612 年，巴比伦的天文学家根据他们大量的观测记录，成功地预测了月食，并且发现了每 18 年 11 天 8 小时重复一次的变化规律，后来天文学家称这种现象为"沙罗周期"。在一个"沙罗周期"结束后，地球、太阳和月球的相对位置就会复位到原先位置，因而前一周期内的日食和月食又会重新陆续出现（图6-7）。在每个"沙罗周期"里，共有43次日食和28次月食。

公元前600年，中国的天文学家们绘制出一张含有1460颗天体的星图，并发明一种巨大的装置——浑天仪演示星象。其实，古代人使用浑天仪预测星象（图6-8），很大程度上是用来看吉凶。

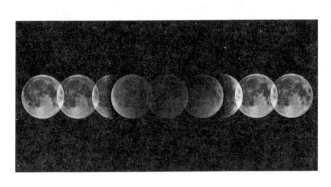

图6-7　记录一次月食的变化过程　　　　图6-8　中国的浑天仪
（图片来源：NASA）

8. 最早预测日食（公元前585年）

公元前585年，希腊天文学家泰勒斯（图6-9）预测了一次日食。当时，吕底亚人和米堤亚人正激战，双方军队对这一奇异的景象非常震惊，认为是由于他们的战争激怒了老天爷，促使他们立刻停止了战争。

图6-9　希腊天文学家泰勒斯

9. 测量地轴倾角和解释月光（公元前 480 年—公元前 427 年）

古代，托勒密的地心学说与基督教《圣经》中关于天堂、人间、地狱的说法正好吻合，所以受到了当时统治者的极度维护。早在古希腊时代，一些哲学家已经发现地球运动的规律，但因为缺乏依据，所以没有得到人们的普遍认可。随着事物的不断发展，天文观测的水平渐渐提高，人们逐渐发现了地心学说与天体运动的矛盾性。

公元前 480 年，古希腊自然哲学家恩诺皮德斯确认了地球自转轴是倾斜的，即地球绕太阳的公转平面与地球自转轴不是垂直的，存在一个角度（图 6 - 10），并且在公转过程中地轴的指向不变。他经过仔细研究后，测量出地球自转轴的倾斜角度为 24°，与后来全世界公认数字（23.5°）非常接近。

就在测量出地轴倾斜角度的 50 年后，也就是公元前 427 年，希腊哲学家柏拉图（图 6 - 10）诞生。尽管当时他接受的教育是宇宙类似水晶球的概念，即所有天体都在这个水晶球里，并围绕着地球旋转。但经过研究后，他确认月球本身不发光，我们看到的月光是太阳的反射光。

图 6 - 10　柏拉图塑像（左图）和倾斜的地球自转轴（右图）

（图片来源：右，NASA）

10. 计算出一年为 360 天（公元前 400 年—公元前 300 年）

经过长期的观测，古巴比伦人在这个时期已经知道了月亮和五大行星（水、金、地、火、木）的运行周期，并创造了非常精确的月球和行星位置图表（图 6 - 11），而且可以根据行星位置图表，预报日食和月食与行星会冲现象。与此同时，巴比伦的天文学家、数学家基丁努计算和测量出了一年时间的长度，与实际长度比较只差 4 分钟，这在那个既没有望远镜，又没有计算机的时代是非常不容易的事情。

图6-11　刻在泥版上的巴比伦年鉴表

11. 发现银河系（公元前385年）

古希腊著名哲学家德谟克利特（图6-12）说："穿越夜晚星空的隐约模糊的光带，是相互距离很近的星体聚在一起了。"这是人类最早对银河系的描述，并且描述结果与真实情况完全一致。

图6-12　哲学家德谟克利特

我们肉眼看见的所有恒星，以及许许多多因为太暗而肉眼看不见的恒星，包括太阳和太阳系在内，都属于一个巨大的恒星系统，即银河系。银河来源于希腊神话。在英文中，银河也叫"Milky Way"，意思为"奶路"。宙斯让自己的私生子赫拉克勒斯去偷喝正在熟睡的女神赫拉的奶水，结果惊醒了赫拉，奶水洒在地上，形成了银河。

12. 人类最早记录的彗星（公元前 371 年）

古希腊的一些哲学家和天文学家，包括大哲学家亚里士多德，发现一颗巨大的掠日彗星，同时也记录了它分裂成两部分的过程，这是人类最早关于彗星的记录。现代天文学家推测这颗古老彗星的碎片不断地访问太阳系内层，1843年、1882 年以及 1965 年的"lkeya - seki"，出现的这些彗星都是公元前 317 年彗星的后裔（图 6 - 13）。

图 6 - 13　1965 年的 lkeya - seki 彗星回归时的照片

13. 最早准确地描述月相的现象（公元前 350 年）

古希腊哲学家亚里士多德（图 6 - 14）准确地描述月球的各个位相是由于太阳照射月球的角度变化而造成的，就好像在地球上站在不同位置观察一个物体的投影。在月食期间，他仔细观测月球在地球上的投影，并从所获得的月球影子推测出地球是球形体。

在亚里士多德之前，古希腊哲学家德谟克利特曾经提出过地球是球形的，德谟克利特认为"世界上最完美的几何体是球形，因为地球是完美的，所以地球就应该是球形的"。由此可见，德谟克利特认为地球是球形的结论属于主观的猜想，而亚里士多德则是根据科学测量后得出的结论。尽管他们的结论相同，但他们的世界观是不同的。

公元前 322 年，63 岁的亚里士多德离开人世。去世的原因出现多种版本，一种是多年积累的疾病所致；一种是被人毒死的；还有一种是由于无法解释潮汐现象而跳海自杀了。

图6-14 大哲学家亚里士多德

14. 石柱日历（公元前300年）

大约在公元前300年，肯尼亚西北部的纳莫拉通加（Namoratunga）遗址出现了具有明显的天文日历结构的天文石柱（图6-15）。这些石柱的摆放与现代星座（如三角座、昂宿星团等）遥相呼应，与一些明亮的恒星（如毕宿五、参宿五、参宿六和天狼星等）对齐。科学家和天文学家们推测，古代肯尼亚人曾经使用这些排列有规则的石柱与月相结合确定日期和时间。

图6-15 按照天文规律排列的石柱日历

15. 朴素的日心说（公元前270年）

公元前270年，尽管许多人都认为地球是静止的，但萨摩斯岛的一位古希腊天文学家阿利斯塔克（图6-16）用数学理论精密地计算出了太阳的半径为地球的7倍（实际上是107倍），太阳到地球的距离是月亮到地球的距离的19倍。他还提出宇宙中最大的物体是太阳，而不是地球，推测出太阳是相对静止的，而地球和其他星体则以太阳为中心做圆周运动，地球不仅每年绕太阳公转一周，而且又每日自转一周，这就是古代最早的朴素日心说思想。

在那个时代，他的学说遭到了质疑，包括亚里士多德和其他天文学家们都是排斥他的。但他的学说却开创了人类用科学的方法来研究天体之间的距离和日月大小的历史。

图 6-16　希腊天文学家阿利斯塔克

16. 人类最早观察哈雷彗星（公元前 240 年）

人类最早观察哈雷彗星究竟是在哪个时代，目前还有争论，但公元前 240 年哈雷彗星回归时，人们观测哈雷彗星的活动是有据可查的。

在公元前 240 年，当哈雷彗星回归飞跃地球附近时，中国古代的占星者们开展了为期 16 天的哈雷彗星观测和文字记载，文字描述了哈雷彗星的特征，并且称它为"扫把星"（图 6-17）。

图 6-17　1910 年之前回归的哈雷彗星照片

17. 最先测量出地球周长的人（公元前 240 年）

古希腊天文学家、数学家和地理学家埃拉托色尼（图 6 - 18），被公认是有文字记载的世界上最早测量出地球周长的人。公元前 240 年，他通过测量两个不同地理位置正午时分的太阳高线，应用三角学理论，首次精确地计算出地球的周长。当然这种计算是假设太阳位于足够远的一点，并且还假设太阳照射到地球的光线是平行光。他当时计算出的地球周长是 25 000 英里（4 万千米），比后来人们测量出的地球真实周长仅仅多了 100 英里（160 千米）。

图 6 - 18　古希腊天文学家埃拉托色尼

18. 最先测量出地球到月球距离的人（公元前 150 年）

古希腊天文学家喜帕恰斯（图 6 - 19），被称为"方位天文学之父"。公元前 150 年，他通过反复观测，计算出地球到月球的距离为 380 000 千米，与地月之间的真实距离只差 4 500 千米。10 年之后，他又通过比较恒星位置与早期记载数据，发现地球自转轴因为晃动而引起"岁差"。

此外，他创建恒星目录。在此基础上，为确定其他天体在天空中的位置，他给每颗恒星分配了一个坐标，并定义了"星等"的概念，规定最亮的恒星为第一量级，第二亮的恒星为第二量级……以此类推，直到第六量级，也就是人们肉眼所能看到的最暗的恒星。

图6-19　喜帕恰斯正在测量地球到月球的距离

（图片来源：NASA）

19. 最古老的模拟天体的计算机（公元前80年）

古希腊是人类文明的发源地之一。公元前80年，希腊人用青铜制造出一种被命名为"安提基特拉"的装置，这是目前世界公认的最古老的"计算机"（图6-20）。为什么称其为"安提基特拉"装置呢？因为1900年，潜水员们从希腊的安提基特拉岛附近的一艘沉船中，发现了这台装备的遗骸。

据科学家鉴定，认为"安提基特拉"装置是古人用于测量和计算天体位置的机器，它利用齿轮传动机构模拟天体运动，进而可以计算出天体在太空中的具体位置。

图6-20　最古老的模拟天体的计算机

20. 儒略历诞生（公元前 46 年）

公元前 45 年，罗马皇帝尤利乌斯·恺撒（图 6 - 21）首次颁布儒略历。这是历史上第一部严格按照地球公转和自转规律而创造的历法，它纠正了早期历法中所累积的 80 天的误差。同时，为了正确地推广新历法，恺撒颁布法令：公元前 46 年有 445 天，因而历史上，公元前 46 年被赋予"混乱之年"的称号。

图 6 - 21　罗马皇帝尤利乌斯·恺撒

21. 恺撒之星（公元前 43 年）

古代，彗星是让人敬畏的天体。公元前 43 年 3 月，罗马恺撒大帝被一群阴谋家暗杀。四个月后，人们为了纪念他，举办了一场名为"维多利亚恺撒"的盛大葬礼活动。在葬礼活动进行时，一颗大彗星突然划空而过，震惊了正在参加活动的罗马人。于是，人们认为这颗彗星是恺撒的灵魂前往天堂，后来称这颗彗星为"恺撒之星"（图 6 - 22），成为一种帝国崇拜，还为这颗彗星建造了一座庙。这颗彗星曾在罗马和中国出现过，是有历史记载的最明亮的彗星。

图 6 - 22　恺撒之星

22. 最早出现的天文雕刻（公元前 30 年）

在埃及女王克利奥帕特拉时代，出现了描述星空的天文雕刻艺术作品，最有代表性的作品被安置在丹德拉的哈索尔神庙内，这件雕刻艺术品的直径是 1.5 米，上面雕刻的内容包括埃及星座、美索不达米亚起源的黄道星座和行星（图 6-23）。

图 6-23　哈索尔神庙内部保存的夜晚星空雕刻作品

23. 太阳黑子的最早记载（公元前 28 年）

古代科学家和天文学家们坚持不懈地对未知世界观察和求真，并将科学与流行文化相结合，创造出了许多的天文观察方法和观测设备，获得了超越那个时代的伟大成就，但由于受限于当时的科学水平，许多天文现象不能获得正确的客观回答，难免产生出带有宗教文化色彩的答案。

中国天文爱好者很早就开始系统地记录太阳黑子的活动情况。在中国古代传说中，人们认为太阳神是指那只出现在太阳圆盘上的黑鸟，其实这也就是中国古人对太阳黑子的解释。当时，中国古人利用大自然的风尘，或者大气层的薄雾来减弱太阳光线的辐射强度，进而观察太阳黑子的活动。

今天我们知道，太阳黑子是在太阳的光球层上发生的一种太阳活动（图 6-24），也是太阳活动中最基本、最明显的现象。太阳黑子实际上是太阳表面一种炽热气体的巨大旋涡，温度大约为 4 500℃。因为比太阳的光球层表面温度要低，所以看上去像一些深暗色的斑点，太阳黑子一般是成群活动。

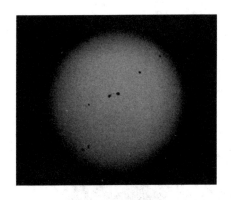

图6-24 太阳黑子

（图片来源：NASA）

24. 伯利恒之星（公元前7年）

公元前7年，木星和土星出现分别从南北方向接近和排列的现象，并且这种排列现象在一年之内连续发生三次，所以也称"三连会合"。会合期间呈现出非常明亮的现象，许多《圣经》学者认为这种"会合"是"伯利恒之星"。"伯利恒之星"也代表神秘的《圣经》符号，它指引东方三博士找到他们的新领袖耶稣。

今天看来，这种"三连会合"现象（图6-25）每59年发生一次，而且离地球很近，非常明显。1603年，开普勒观测到了木星与土星的会合现象，还推算出木星和土星"三连会合"曾发生于公元前7年的5月、10月和12月。

图6-25 伯利恒之星

（图片来源：NASA）

25. 火箭原理诞生（10—70）

古希腊数学家海伦发明了一种蒸汽引擎（图6-26），虽然不是火箭，却运用了火箭的推进器原理。当时这种蒸汽引擎被应用于玩具，经过长达一千多年之后，人们才开始意识到它的价值。

图6-26　最早的蒸汽引擎

（图片来源：NASA）

七、古代地心说（66—1117）

地心说的起源很早，最初由米利都学派形成初步理念，后由古希腊学者欧多克斯提出，经亚里士多德完善，又让托勒密进一步发展成为托勒密的"地心说"。

托勒密的"地心说"完美适应了当时所有的观测事实，能够准确地预测日食和月食，在16世纪"日心说"创立之前的1300年中，"地心说"一直占统治地位。

1. 彗星，灾难的预兆？（公元66年）

"当彗星身处高空时会给人类带来八件可怕的事：暴风、饥荒、瘟疫、国王之死、战争、地震、洪水，还有可怕的变化。"

纵观人类历史进程，一旦发生科学不能解释的事件，古人偏爱毫无根据地仰望太空来臆断，尤其是将彗星与噩运联系在一起。今天，贫穷和教育落后地区，关于彗星预示灾难降临的说法依然存在。

公元66年，哈雷彗星访问地球空间，这一事件被人们认为是四年后耶路撒冷沦陷于罗马人之手的预兆。正像《塔木德》描述的："有一颗七十年出现一次的星体，它会导致一个部落的首领走上歧途。"

《塔木德》是一本流传了 3300 多年的书籍，书中凝练了上千年来两千余名犹太学者对自己民族历史、文化和智慧的阐释，犹太人不论流浪到哪里，都随身携带着这本书（图 7 - 1）。

图 7 - 1　犹太人正在研读《塔木德》

2. 《天文学大成》出版（公元 150 年）

公元 150 年，生活在亚历山大的希腊天文学家克罗狄斯·托勒密，出版了一部重要专著《天文学大成》（*Almagest*），在当时被尊为天文学的权威著作。《天文学大成》论述了宇宙的中心是地球，日、月、行星和恒星都围绕着地球旋转（图 7 - 2），这就是著名的"地心说"。其中"Almagest"这个词汇源自阿拉伯语，含义是"伟大之书"。

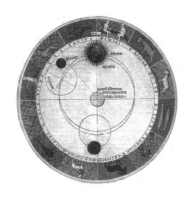

图 7 - 2　带有黄道十二宫图案的托勒密圆行星图

3. 最早记载的超新星（公元 185 年）

公元 185 年，中国天文学家在夜晚的天空中发现了一颗明亮的星体，命名为"客星"（图7-3）。"客星"如同恒星一样闪耀，但不像彗星那样很快划过天空，它从出现到消失长达8个月的时间。

图7-3 明亮的超新星

（图片来源：NASA）

"客星"也称爆炸恒星，由于它表现出的一些现象与超新星相符，因此它被认为是人类有记载以来最早发现的一颗超新星。与彗星的出现一样，超新星的出现也被人们视为即将发生暴乱的预兆，但是亚洲人称超新星为"客星"，是为了将其与彗星加以区分。

4. 中国发明火箭（公元228年）

"火箭"这个词在公元3世纪的三国时代就已出现。在公元228年魏国第一次在射出的箭上装上火把，当时诸葛亮率领蜀国军队进攻陈仓，魏国守将郝昭用火箭焚烧了蜀军攻城的云梯，守住了陈仓。不过当时的火箭只是在箭头后部绑上浸满油脂的麻布等易燃物，点燃后用弓弩射至敌方，以达到纵火目的的兵器。

1127年，南宋政权建立后，南宋、金和蒙古频繁交战，各方都使用了火器。1161年11月，金国侵略中原时，南宋军队使用火箭武器（霹雳炮）重击了金军，这是人类历史上第一次在战场上使用火箭武器。

图 7-4 火箭首次用于战场

（图片来源：维基百科）

5. 确立复活节（公元 325 年）

公元 325 年，在尼西亚（现伊兹尼克）举行的第一届基督教会上（图 7-5），土耳其的主教们规定，将每年北半球春分后第一个满月后的第一个星期日定为复活节。复活节不同于中国的传统节日，没有固定的日期，通常在每年的 3 月 22 日至 4 月 25 日之间，需要查看日历才能确定。

据《圣经》记载，耶稣是降生在马槽里的上帝的儿子，30 岁时带领 12 名学生为天下百姓医病、传道、驱鬼以及讲天国道理。33 岁时，他被犹大出卖，罗马兵丁把他钉死在十字架上。临死前，他预言自己三日后必复活。果然第三天他的身体复活了。

自公元 325 年，基督教徒们为了纪念耶稣复活，一直将复活节视为最重大的节日，其重要性甚至超过了圣诞节。

6. 发现蝎子尾巴上的明亮星体（公元 393 年）

天蝎座是夏季最耀眼的星座（图 7-6），它里面亮星云集。天蝎座尺寸大，亮星多，是夏夜星座的代表。它也是黄道星座，所以格外

图 7-5 第一届基督教会的会场

引人注目。但是，天蝎座只在黄道上占据了短短 7° 的范围，是十二个星座中黄道经过最短的一个。

公元 393 年，中国天文学家记录在天蝎座的蝎子尾巴上发现了一颗超新星，它持续出现了 7 个月。

图 7-6　天蝎座

7. 发明星盘（公元 400 年）

一些历史学家认为，波斯天文学家发明了星盘。星盘是古老的天体计算机，它是古代天文学家、占星师和航海家用来进行天文测量的一项重要的天文仪器（图 7-7）。星盘用途非常广泛，包括定位和预测太阳、月亮、金星、火星相关天体在宇宙中的位置，确定当地时间和经纬度及三角测距等。星盘一直流行到 17 世纪，今天的星座图和星轮都是星盘的后代。

图 7-7　古代星盘

8. 亚历山大港的希帕提娅（公元 415 年）

亚历山大港的希帕提娅是一位早期的女占星家（图 7-8），也是一位数学家，在埃及亚历山大图书馆担任数学和科学专业的教授，后来被暴徒杀害。关于她的死，有一种观点认为，她传播的科学思想使当时的平民百姓受到威胁，因此有一天，在希帕提娅归家的路上，一帮平民拦住了她的马车（图 7-9），愤怒地把她从马车中揪出来。随后，一些暴徒对她像对待色拉皮斯神像一样，将她的身体扯碎，她殒命街头。

图7-8　亚历山大港的希帕提娅　　　图7-9　迫害希帕提娅的现场

9. 关于"0"的发明（公元499年）

在人们意识中，0与1、2、3、4、5、6、7、8、9的地位相同。但"0"的出现却比其他数字要晚一千多年。早期的位值计数法中，0是没有符号的，例如，在中国的春秋战国时期，古人曾用空位来表示"0"。

公元499年，印度天文学家阿雅巴塔（图7-10）和玛雅人发明了数字"0"，获得了不朽的成就。与此同时，阿雅巴塔还提出地球绕太阳旋转，同时还绕地轴旋转。

图7-10　印度天文学家阿雅巴塔

"0"的出现是人类文明史上的一项伟大发明，如果没有"0"，目前人类各种科研成果也将无从取得，比如在航天系统中，火箭发射，如果没有"0"，航天工程师就无法完成卫星和地面测控系统的时间统一任务。

10. 出版数学—天文著作（公元575年）

印度数学家和天文学家瓦拉哈米希拉（图7-11）非常欣赏希腊人的天文

成就。为了帮助印度人了解希腊的天文成就，他撰写了《太阳的知识》一书，这是一部把数学与天文结合的著作，这部著作达到了当时数学和天文学的最高水平。书中除了介绍简单的三角函数关系外，还重点介绍了占星术和天文学，包括为确定星体位置所需要的计算知识，同时他还指出"地球是球状星体"。

图 7-11 瓦拉哈米希拉

11. 彗星出现与皇帝之死（公元 814 年）

古时候，人们观察自然气候和天体运行，当出现反常现象时，例如大部分彗星的出现都是没有规律的，由于古人无法用科学的方法进行解释，往往会将其与社会或政治现象联系在一起。

在一些国家和地区，人们认为彗星出现预示着国王的死亡。公元 814 年，当神圣罗马帝国皇帝查理曼大帝死亡时并无彗星出现。为了自圆其说，人们只好虚构一颗彗星，插入历史记载的资料中（图 7-12）。

图 7-12 罗马皇帝查理曼

12. 建立智慧宫（公元 830 年）

公元 830 年，阿巴斯王朝的哈里发（"哈里发"是阿拉伯语音译，意思是"求学的人"）马蒙在巴格达建立了一座智慧宫，这是一个全国性的综合学术机构（图 7 - 13）。马蒙将几代哈里发搜求到的学术成果集中存放在一所规模宏伟的学术中心，故称为"智慧宫"。

图 7 - 13 在"智慧宫"图书馆的学者们

智慧宫不仅收藏了大规模的测量恒星和其他天体位置的仪器，还是各个学科学者举行学术报告会和辩论会的地方，其内容涉及哲学、宗教、天文学、医学和文学等。由于智慧宫也是培养人才的中心，所以后来它并入了巴格达的一所大学。

受马蒙的影响，在西亚、北非等地，也出现了许多智慧宫的仿制品。

13. 人类首次翔实地描述了哈雷彗星（公元 837 年）

公元 837 年，中国天文观测者对哈雷彗星进行了翔实的描述。在唐文帝开成二年（837）二月二十八日的《新唐书·天文志》中，记载了哈雷彗星的彗尾最长时达"八丈余"，并且在距离地球只有 510 万千米的地方经过，这也是哈雷彗星最靠近地球的一次回归（图 7 - 141）。

对于这次哈雷彗星回归，伊拉克、日本等国和欧洲也有一些观测记载。

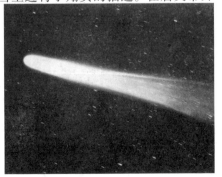

图 7 - 14 哈雷彗星回归地球

14. 对日全食的恐惧时期（公元 840 年）

古代，由于认知的局限，人们的生活高度依赖于"天体的根本韵律"，如日出、日落和月球运转周期以及地球绕倾斜轴自转所带来的季节变化。因此，一些异常天文现象突然出现，就会引起人们恐慌。

公元 840 年，太空出现了日全食（图 7－15），人们在白天看见了星星，于是引起极大的恐慌，他们认为人类统治地球的时代即将结束。

图 7－15　日全食

（图片来源：NASA）

15. 提出行星环绕在太阳周围（公元 850 年）

公元 850 年，爱尔兰哲学家和神学家埃里金纳（图 7－16）提出金星、火星和木星环绕在太阳周围，他还宣称地球是一个球体。

图 7－16　哲学家和神学家埃里金纳（爱尔兰 1976 年 2 月 26 日印制的纸钞）

另外，埃里金纳在翻译和传播古希腊经典著作方面起过重要作用，他把伪狄奥尼修的著作从希腊文译为拉丁文，并作了注释。后来，他根据这本书的观点，形成了自己的哲学体系。他的最主要著作有《论自然的区别》和《论预定论》。

16. 星星之年（公元 902 年）

坦普尔－塔特尔彗星沿椭圆轨道每 33 年环绕太阳一周，它的轨道与地球黄道面的倾角为 162.7°，与地球运行的方向相反，轨道降交点在近日点附近，距离太阳约 1 个天文单位。

坦普尔－塔特尔彗星回归时，由于受太阳辐射较强，温度升高，彗核活动加强，会喷射出大量的岩石碎片。这些细小固体颗粒，高速进入地球大气，就形成了流星雨，也称为狮子座流星雨。公元 902 年，称为"星星之年"。坦普尔－塔特尔彗星回归，天文爱好者们目睹了狮子座的流星风暴，并记录"无数星星像雨一样散落"。

最近的 200 年，曾在 1799 年、1833 年、1866 年和 1966 年四次形成大规模流星雨（图 7 - 17）。

图 7 - 18　流星雨或流星风暴

17. 人类首次记载仙女星系（公元 964 年）

波斯天文学家阿卜杜勒－拉赫曼·苏菲于公元 964 年撰写了《恒星之书》，书中他列举了 48 个星系，并详细说明和叙述了对恒星的观测内容。此外，书中他还给出了一个极少有人知道的星座——现在被称为仙女座星系（图 7 - 19），也是目前人类裸眼可以看见的最遥远的星座。

从天文观测结果看，仙女星系和银河系同处于本星系群，仙女星系是本星系群中最大的星系。算上暗物质的话，仙女星系质量小于银河系，但直径至少是银河系的1.6倍。

图7-19　仙女座大星系（M31）

（图片来源：NASA）

18. 人类首次提出利用日全食观测日冕（公元968年）

拜占庭历史学家里奥·蒂阿柯诺斯（Leo Diaconus）出生于希腊爱奥尼亚岛。公元968年，他首次提出在日全食中可以用裸眼观察太阳日冕。他将太阳日冕描述为"散发着昏暗又薄弱的光，就像一圈窄带在圆盘边缘闪烁"（图7-20）。

图7-20　在日全食情况下观测日冕

日冕是太阳极热极薄的外大气层，它的大小和形状受太阳磁场的影响，进而导致它的外表会在日食中变化。900年前，希腊历史学家普鲁塔克也提到过太阳的日冕。

　　阿拉伯人延续了希腊罗马时代的科学、文化、艺术、思想成果，使得人类文明不仅没有中断，而且得以延续，在数学和化学领域尤其贡献巨大。

　　19. 金星观测天文台（1000 年）

　　1000 年，玛雅人为了观测金星，在墨西哥的奇琴伊察建造了一座观测金星的天文台（图 7-21），天文台的整体建筑选址在凸起的高地上，其中主建筑物呈圆形，在主建筑的顶端有一个天窗，可以通过这个天窗观测天文现象。由于建筑内部有螺旋状石头阶梯，所以又称"蜗牛"。

图 7-21　墨西哥奇琴伊察的金星观测天文台

　　20. 首次记载的超新星爆发事件（1006 年）

　　据资料记载，1006 年，出现了一颗最耀眼的超新星爆炸事件，并且在一年多的时间里，从欧洲各国及中国、日本、埃及和伊拉克都可以观测到爆发现象。直到 1965 年，天文学家还能观测到这颗超新星爆炸时留下的残骸（图 7-22）。

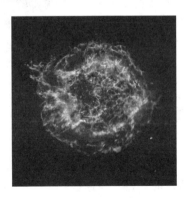

图 7-22　超新星爆发的现象

（图片来源：NASA）

21. 揭示太阳光的自然属性（公元 1021 年）

阿尔哈是中世纪阿拉伯一位物理学家，他证明光是由太阳或其他发光体发射出来的，然后通过物体反射进入人眼而被感知的结果。他正确地解释了透镜的原理（图 7 - 23），否定了更流行的希腊理论，即光线是从眼睛发出的。1021 年，他撰写并出版了关于光、透镜和镜子性质的著作，被称为"现代光学之父"。

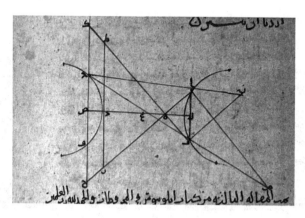

图 7 - 23　物理学家阿尔哈证明了光的性质

22. 金牛座中一颗最明亮的超新星爆发（1054 年）

1054 年，中国人和美洲土著人记录了在金牛座中的一颗超新星爆发情况。当超新星爆发时，他们在白天都能看到它芒角四射。他们持续观测了 2 年，记录了 23 天的峰值亮度。

目前，这颗爆炸的超新星的残骸还可以通过望远镜观测，它已经变成一个微弱的、模糊的气体蟹状星云（图 7 - 24）。

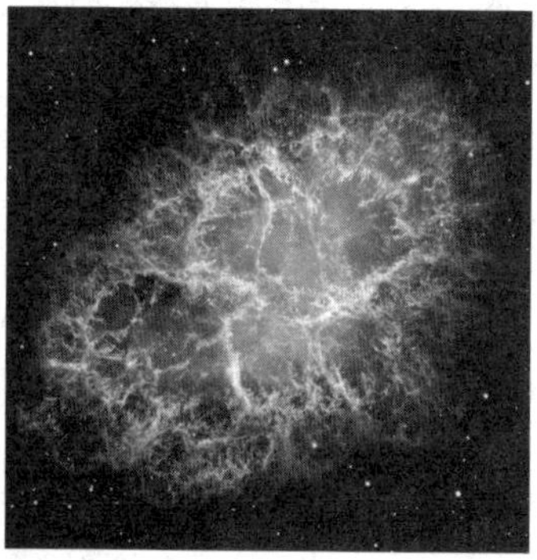

图 7 - 24　金牛座的气体蟹状星云
（图片来源：NASA）

23. 命运与彗星（1066 年）

1066 年，黑斯廷斯战役前夕，人们怀着复杂的心情，注视着夜空中拖着长尾巴的古怪天体，认为这是上帝发出的警告和预示。在当年 10 月的战役中，英军溃散，哈罗德中箭身亡，威廉取得了胜利。战后，哈雷彗星的出现被解读为威廉的胜利和英国哈罗德国王的厄运，威廉的妻子把当时哈雷彗星回归的景象绣在一块贝叶挂毯上以示纪念（图7－25）。

图7－25 哈雷彗星被记录在贝叶挂毯上

24. 修改阳历（1079 年）

1079 年，波斯天文学家、数学家和诗人欧玛尔·海亚姆（图7－26）提出将一年的时间精度提高到一秒以内，创造了非常精确的阳历。

欧玛尔提出在平年 365 天的基础上，每 33 年 365.2422 天仅相差 19.37 秒钟，累计 4460 年才差 1 天。而当时的历年长 365.2425 日，3333 年差 1 天。

图7－26 欧玛尔·海亚姆

25. 大彗星分裂事件（1106 年）

1106 年，一颗出现在太阳附近的大彗星，从 2 月初到 3 月中旬在世界各地被观测到。日本、韩国、中国和欧洲的天文学家观测和记录了它分裂成许多碎片（图7-27）。这也是早期大型彗星（约150千米）在太阳影响下逐渐支离破碎的分裂，同时形成了夜间一个惊人的太空事件。由托马斯·琼斯翻译的《王子的历史》（威尔士语版），描述了1106年的大彗星的出现："……在它后面抛下一个巨大的、超亮的光束，预示着未来将要发生的事情……"

图7-27 由1106年巨大彗星
分裂而成的1843年彗星

图7-28 北极光

26. 首次描述北极光（1117年）

1117年，出生在法国沙特尔的福歇（Fulcher，1058—1128），亲历了第一次十字军东征。他对北极光给出了精彩描述（图7-28）：12月16日的夜晚，北方的天空"被鲜血或火焰的颜色所包围……一束白光从基地升起"。

八、中世纪的太空探索（1128—1582）

公元前270年，希腊天文学家阿利斯塔克提出了朴素日心说的思想。但由于当时的技术水平无法观测到恒星视差，而且柏拉图和亚里士多德等人都倾向于地心说，因此日心说的理论没有被人们接受。到了中世纪，阿拉伯乃至全世界的学者们已经意识到托勒密的地心说理论存在明显的问题，并且开启了对托勒密地心说的批判，这种批判为日心说理论的复兴埋下了种子。

从人类发展历史看，伟大的哲学家、科学家、神学家、思想家的学说都只是"相对真理"，只有通过探索宇宙、银河系、太阳系、地球生物、地球人类的历史，才能找到宇宙唯一绝对真理。

1. 太阳黑子画的诞生（1128 年）

1128 年，一位名为约翰的英国僧人，他观察太阳黑子，并绘制了一幅太阳黑子画，这也是人类最早的太阳黑子画。在约翰观察后的第五天，一位韩国天文学家阐述了北极光是因为太阳活动的影响而产生，同时还叙述了北极光带来的壮丽景观（图 8 - 1）。

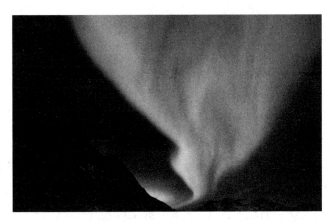

图 8 - 1　太阳黑子引发的北极光

（图片来源：NASA）

2. 哈雷彗星走进人文诗篇（1145 年）

1145 年 4 月，即哈雷彗星回归地球期间，一位英国僧侣在《埃德温诗篇》中用独特的风格将哈雷彗星描述成"太空来访物"。

《埃德温诗篇》被认为是 12 世纪英国最具有影响力的手稿（图 8 - 2），它是由十多名知名学者共同撰写的一本书，书中包含五种不同语言的诗篇，分别是古英语、盎格鲁 - 诺曼语和三种拉丁文，并且每一篇都有序言、评注和结束语。

图 8 - 2　在书桌旁边的埃德温

3. 发现布鲁诺陨石坑（1178 年）

1178 年，一位名为坎特伯雷的英国学者，记录了月球上出现的奇怪现象："突然之间一个角状物体分裂成为两块，然后从分裂的两块中间，迸出了一个熊熊的火炬，从火炬中窜出的火种，带着燃烧的火炭，引起了更大范围的火团……"

一些科学家认为这是陨石对月球撞击的描述，因为地球大气折射而使光线扭曲产生的一种奇观现象。这一撞击产生了一个被命名为"布鲁诺"的陨石坑（图 8 -3）。布鲁诺陨石坑是月球上比较年轻的陨石坑。

图 8 - 3　布鲁诺陨石坑

4. 首次对超新星的长时间观察（1181 年）

1181 年，中国天文学家和日本天文学家对位于仙后座中的一颗超新星进行详细观察（图 8 -4），时间长达 185 天。为什么可以观察这么长时间？

因为仙后座不同于其他星座，仙后座靠近北天极，位于仙王座以南，仙女座之北，与大熊座遥遥相对，呈"M"形状，或"W"形状，一年四季都可以看到，特别是在秋天夜晚，尤其闪耀。

图 8 - 4　超新星爆发的残骸

（图片来源：NASA）

5. 《诺夫哥罗德编年史》记录了日珥（1185 年）

俄国的《诺夫哥罗德编年史》将在日全食中观察到的日珥现象描述为"活余烬"。日珥是一种火焰状的气体云，从太阳表面向上延伸（图 8 -5），在日全食时可以观察到。

历史上，俄国的诺夫哥罗德地区曾是贸易、文化和宗教中心，现为诺夫哥罗德州的首府。目前已出版的《诺夫哥罗德编年史》分为五个序列，如《诺夫哥罗德编年史 I》，还有未出版的材料被称作"诺夫哥罗德编年史Ⅵ"。

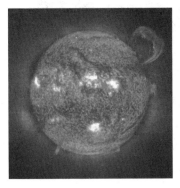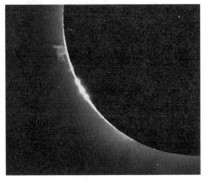

图 8 -5　从太阳表面喷射出的日珥

（图片来源：NASA）

6. 彗星带走了国王（1264 年）

1264 年，一颗壮观的彗星呈现出一条延伸超过半个夜空的彗尾，据说在彗星出现的时候，罗马教皇乌尔班四世生病了（图 8-6），而在彗星消失的时候他死了。

1264 年出现的彗星被称为 "C/1264 N1"，它是人类有记录以来较为明亮的彗星之一。它出现在 1264 年 7 月，一直持续到 9 月底。它第一次出现是在日落之后的晚上，在之后的几个星期，它显得最为壮观。当时，这颗彗星在中国也被观测到，对它的描述与欧洲天文学家的描述一致。

图 8-6 罗马教皇乌尔班四世

7. 望远镜雏形的诞生（1267 年）

罗杰·培根对光和虹的研究颇有独到之处，他绘制了透镜的反射、折射、球面光差的原理（图 8-7），并描述了"如何将透镜进行排列和放置，来改变太阳、月球和其他恒星所呈现的位置"，但培根不是发明望远镜第一人，大多数学者一致认为望远镜出现在 1608 年。

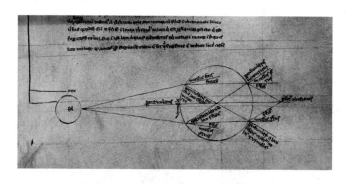

图 8-7 培根绘制的透镜折射传播和反射光线传播的草图

8. 发现月相影响人类情绪（1270 年）

1270 年，意大利的哲学家和神学家托马斯·阿奎那（图 8-8）指出："人们的疯狂情绪受月亮盈亏的影响，'Lunatic'（中文意为'疯子'）一词来源于拉丁语'Luna'，意为'月亮'。"很多人至今仍坚持这种观点，他们认为阴历十五是满月，人们心情好，所以做事成功率高，而阴历初一因为夜晚光线暗淡，导致人们情绪不好，所以做事成功率低。

图 8 - 8　托马斯·阿奎那

9. "三博士崇拜"（1301 年）

1301 年，哈雷彗星回归，佛罗伦萨画派的创始人乔托为哈雷彗星的奇观景象所震撼，于是将刚刚绘制完成的《三博士崇拜》作品（图 8 - 9）中的"伯利恒之星"换成"哈雷彗星"。

在《三博士崇拜》的作品中，画面左侧是托着礼物的三位东方博士，画面右侧是牧羊人。作品描述了在耶稣出生前后，天空中出现了一颗明亮的星星，也就是"伯利恒之星"。三位博士借助这颗亮星导航，寻找到了伯利恒的马厩。由于路途遥远，三位博士比牧羊人晚到了十来天。虽然耶稣圣婴已经出生十来天了，但玛丽天使和约瑟夫还没有找到客店，仍然住在马厩里，所以三位博士只能在马厩里参拜耶稣。

图 8 - 9　东方三博士参拜耶稣圣婴（意大利教堂壁画，画中天空出现哈雷彗星）

今天，人们常在圣诞树顶端挂一颗大星星，就是为了纪念引导东方三博士的"伯利恒之星"。为了怀念画家乔托，1985 年 7 月，欧空局发射了一颗"哈雷彗星探测器"，将这颗探测器命名为"乔托号"。

10. 火箭技术从中国传播到意大利（1420 年）

1420 年，意大利的会士丰塔纳发明了在水面运行的火箭鱼雷，可以用来点燃敌舰（图 8 - 10）。

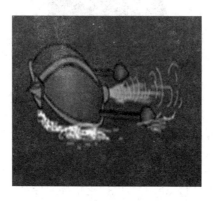

图 8 - 10　应用火箭技术的鱼雷

（图片来源：NASA）

11. 中世纪具有世界影响力的天文台（1428 年）

位于亚洲的帖木儿帝国撒马尔罕的统治者兀鲁伯，也是哲学家和天文学家。1428—1429 年，他在乌兹别克斯坦的撒马尔罕建造了一个巨大的天文台。后来，兀鲁伯还出版了关于记述 992 颗星星的目录。1449 年，兀鲁伯被阴谋杀害后，天文台被破坏，其珍贵仪器丧失殆尽。

今天，兀鲁伯天文台还留有一台由大理石制成的六分仪。六分仪安装在距离地面 11 米深的地坑里，地坑连接着大约 2 米宽的倾斜坑道（图 8 - 11），倾斜坑道一直延伸到地面上的兀鲁伯天文台博物馆。

图 8 - 11　兀鲁伯天文台的地下部分

12. 最早的天文校准遗址（1450 年）

美洲有三大文明，分别是印加文明、玛雅文明和阿兹特克文明。其中，印加文明是最成熟的，秘鲁的马丘比丘也被称为印加帝国的"失落之城",曾经是印加文明的中心,那里的花岗岩石建筑独具特色,令人惊奇,特别是岩石与岩石之间的完美结合,给人以外星人曾经光临过的感觉。

1450年前后,印加人在此建造了一座用于天文校准的建筑(图8-12)。在这里,他们利用天文观测的结果来确定什么时候种植农作物。当时,他们规定每年昂宿星团首次出现的黎明时分,就是一年的开始。

图8-12　位于秘鲁的天文校准建筑

13. 哈雷彗星与敲钟三次(1456年)

加里斯都三世是第一位西班牙籍教皇,于1455—1458年在位,他是意大利文艺复兴时期著名的博尔吉亚家族的开创者。当1456年天空中出现了一个拖着长尾巴的哈雷彗星时(图8-13),加里斯都三世感到十分恐惧,认为哈雷彗星是恶魔的化身。为了驱除哈雷彗星,他下令教会每天由两次祈祷增加到三次,同时还要求所有教堂每天增加敲钟一次,即每天敲钟三次,这个习惯一直延续至今。

图8-13　哈雷彗星回归

14. 昂西塞姆小镇的陨石事件（1492 年）

1492 年 11 月 7 日，在法国的阿尔萨斯上空（当时属于德国领土）发生了爆炸事件（图 8 - 14），同时一个男孩看到一块巨大的石头掉进了昂西塞姆小镇的麦田里，随后，村民们把这块巨大的石头拖到了巴黎教堂，为了避免它再次"飞走"，他们竟然用一条大铁链把它锁在教堂的石柱上。

图 8 - 14　昂西塞姆陨石事件

后来，一位算卦人路过此地，给这块巨石题了一首诗："说起这石头，无人不熟知；个个懂一点，说也说不全。"

这块巨石是一块重达 280 磅（约 127 千克）的陨石，是全世界各地博物馆收藏的陨石碎片中最大的一块。对于这次天上掉石头的事件，罗马皇帝马克西米利安还宣布这是当时军事活动胜利的预兆。

15. 世界上第一个利用"火箭"飞行的人（1500 年）

万户曾是木匠，具有工匠素养。从军期间，他改进了战刀和车船，屡立战功，后来调到兵器局工作。1500 年，作为明朝官员的万户，在椅子上绑上 47 个自制的大"二踢脚"（爆竹），以此作为火箭，自己坐在椅子上，双手举着 2 只大风筝，设想利用火箭的推力，加上风筝的力量飞起，实现飞天的梦想（图 8 - 15）。但是万户刚滑出去没多远，不幸火箭爆炸了，他也为此献出了生命。如果火箭正常，他或许可以借助风筝的升力，缓缓地安全落地。

后来，为纪念万户，国际天文学联合会将月球上的一座环形山以这位古代中国人的名字命名。

图 8 – 15   万户飞天

16. 哥伦布用月食改变命运（1504 年）

1504 年 1 月，哥伦布探险被困在牙买加，当地土著民众停止向受困的欧洲人提供物资。但幸运的是哥伦布身边有一些天文表，他预测到 1504 年 2 月 29 日晚将发生月全食。于是，哥伦布利用自己的知识，警告当地部落的首领们："除非你们立即提供急需的食物，否则愤怒的上帝将把月亮染成红色。"那天晚上月食果然发生了（图 8 – 16），当地土著人对此非常恐慌，祈求哥伦布向上帝求情，哥伦布同意在上帝面前为他们"祈祷"。惊慌失措的当地土著人很快奉上丰盛的食物，直到哥伦布探险队离开。

图 8 – 16   哥伦布预测和观测月食

17. 达·芬奇解释"地球反照"现象（1510 年）

意大利艺术家和科学家莱昂纳多·达·芬奇（图 8 – 17）正确地解释了：当月亮走出"新月"，进入"娥眉月"阶段时，太阳光线的一部分直接照射到月亮上，与此同时，地球作为太阳光线的反射体，也会将太阳光的另一部分反射到月亮上，从而产生出了一种明亮月牙伴随"暗淡"阴影的现象，这种现象称为"地球反照"。

在这之前，人类很早就发现了这一现象，但一直不知道它产生的机理，直到达·芬奇给出了地球反照解释和地球反照的画作。

达·芬奇的其他一些实验研究成果也为后来的哥白尼、伽利略、开普勒、牛顿等人的发明创造开辟了道路。达·芬奇早于哥白尼提出了"地球不是太阳系的中心，只是一颗绕太阳运转的行星"的观点。但他的这些著作和手稿都没有发表，直到他逝世后多年才被发现。所以，科学史家丹皮尔认为："如果达·芬奇当初发表他的著作，科学会一下就跳到一百年以后的局面。"

图 8-17　莱昂纳多·达·芬奇（左）和达·芬奇绘制的月亮（右）

18. 神奇的铁疙瘩（1516 年）

20 世纪 50 年代，我国大炼钢时期，广西南丹县一位居民上交了一块特别神奇的铁疙瘩（图 8-18）。这块铁疙瘩，冶炼厂的工人们怎么也熔化不了它。后来经过相关科技人员的检测与分析后，发现这块铁疙瘩是一块铁陨石。考古人员通过查阅广西南丹县的县志，发现 1516 年 6 月一些像火龙一样的陨石从太空陨落到我国南丹，这些陨石坠落范围为长 27 千米、宽 8 千米。后来，在这个陨石坠落区域又陆续发现了数十块大小不等、总重量约 10 吨的铁陨石。之前那位居民上交的神奇的铁疙瘩便是由此而来。

图 8-18   北京天文馆收藏的"1516 年着陆的重 680 千克的粗粒八面体铁陨石"

19. 彗星的出现标志着人类进入恐怖时代（1528 年）

1528 年，一颗大彗星出现时，法国著名外科医生巴雷（Ambroise Pare）描述："从彗星尾部看到了一只握着长剑的巨手……彗星光芒的周围有许多战钺、匕首和血淋淋的短剑，中间还有许多令人恐怖的人头。"（图 8-19）

在那个时期，世界上许多地区的人们都认为彗星的颜色是血红的，形状是长长的。彗星使人恐惧，以至于有人被吓死，有人被吓疯。

图 8-19   彗星尾部呈现的"匕首""刀子""丑陋的人脸"

20. 进入日心说时代（1543 年）

自然科学是研究自然界的科学，近代自然科学欧洲领先。伴随着文艺复兴、资本主义的出现，欧洲进入近代的时间为 14—15 世纪。文艺复兴时期欧洲的科学是神学，应该算作古代自然科学。近代自然科学以天文学领域的革命为开端，哥白尼1543年出版的《天体运行论》是自然科学对神学的彻底挑战。

1533年，波兰天文学家尼古拉斯·哥白尼（图8-20）完成了《天体运行论》一书的撰写。然而，迫于宗教压力，他迟迟没有公开发表。直到1539年，哥白尼在朋友们的劝说下，才同意出版。1543年5月24日，垂危的哥白尼在病榻上收到了出版商从纽伦堡寄来的《天体运行论》样书，但他已经没有时间欣赏，不久就与世长辞了。

图8-20 尼古拉斯·哥白尼

哥白尼去世后的几十年虽然日心说并未广泛传播，但被一些大学的科学家所研究。目前科学家们有一个共识：伽利略所处时期是近代自然科学加速发展的一个阶段，不是诞生的标志，而近代自然科学诞生的标志应该是哥白尼发表《天体运行论》。

21. 最早发现组合透镜的效应（1558年）

意大利自然哲学家、数学家波尔塔（图8-21）深入研究了光的热效应，并用几何学的观点解释了透镜的折射等光学现象，最早提出"通过将凹透镜和凸透镜组合在一起，你会看到远的和近的物体，它们会显得更大，而且非常不同"，他后来声称自己是望远镜的发明者，但没有得到学术界的认同。

图 8 - 21　自然哲学家和数学家波尔塔

22. 第谷发现恒星爆炸（1572 年）

1572 年 11 月 11 日，丹麦天文学家第谷·布拉赫在仙后座观测到一颗爆炸的恒星，之前这颗恒星消失了整整两年。实际上，死亡恒星平时是看不见的，但形成超新星，就会变得特别亮，好像是一颗爆炸的恒星突然出现。所以，当年第谷观测到的是超新星爆发。

之后，第谷建立了一个名为乌拉尼堡的天文台（图 8 - 22），并开始了一项为期 20 年的计划。经过 20 年的观测，他发现了许多新的天文现象，建立了一种介于地心说和日心说之间的宇宙结构体系，编制了一部非常精确的恒星表。

图 8 - 22　第谷建造的乌拉尼堡天文台

23. 从科学角度研究彗星（1577 年）

人类历史上，世界上大部分地区的文化都曾把彗星视为灾难和罪恶的象征，所以，人们对哈雷彗星都怀着既恐惧又敬畏的态度，有时甚至把它视为"地球末日"的预兆。随着科学的发展，这种恐惧渐渐消失了，并且发现大多数彗星是有规律地穿梭于太空之间。

1577 年，一颗巨大彗星在空中出现，第谷·布拉赫（图 8 - 23）对这颗彗星进行了仔细的观察，这是人类对彗星进行的第一次不带偏见的研究，也是第一次提出要研究彗星。他分析彗星外观的性质及它到地球的距离，并断定这颗彗星已穿过遥远的行星所环绕的太空，否定了当时科学家普遍认为它是地球大气层的一种现象。

图 8 - 23　近代天文学奠基人第谷·布拉赫

24. 格里高利颁布新历法（1582 年）

1582 年，罗马天主教教宗格里高利十三世（图 8 - 24），把"儒略历"1582 年 10 月 4 日的下一天规定为"格里高利历"，直至 1582 年 10 月 15 日，中间他失踪了 10 天，实现了从"儒略历"到"格里高利历"的更替。这 10 天又称作"消失的十天"，目的是消除掉积累的误差，达到了过 3300 年才能多出 1 天的精确度。但在当时却引起了社会平民的愤怒，他们抱怨说："这种改变实际上是房东想骗走我们一个月三分之一的房租。"

图 8 - 24　罗马天主教教宗
格里高利十三世

第四部分　望远镜时代

九、牛顿革命时代的太空探索（1596—1725）

在牛顿革命时代，开普勒、伽利略、笛卡儿、惠更斯、牛顿等一颗颗耀眼的明星，把中世纪的黑暗驱除得一干二净。人类的理智活动发生了重大转变，神学退出了理智活动的中心地位，科学经过千年的蛰伏，终于开始显示自己的力量。这是科学史上辉煌的时代。如果只有精密科学才算科学的话，那么这一世纪则是科学的建立时期。如果科学的起点从古希腊和古代中国算起，那么这一世纪也是科学发展的巨大变革时期。它一改长期以来缓慢、拖沓的步子，开始了急行军。在这个时代里，牛顿被认为是对科学发展贡献最大的人。

1. 人类首次发现恒星的亮度会发生变化（1596 年）

荷兰天文学家大卫·法布里科斯在观察鲸鱼座时（图 9 - 1），发现有一颗恒星的亮度随着时间变化而变化，他把这颗恒星称为"米拉（Mira）"。这颗恒星的发现，否定了古代的哲学家所说的"恒星是永恒不变的"观点。今天，天文学界把这类恒星称为"变星"，至今人类已经发现了数以千计的"变星"。

图 9 - 1　横跨赤道的鲸鱼座

2. 人类首次提出"宇宙是无限的"（1600 年）

意大利的焦尔达诺·布鲁诺（图 9 - 2）是文艺复兴时期的哲学家、数学家和宇宙学家，他也是诗人和宗教人物。自 17 世纪理性启蒙运动起，人们一直把布鲁诺视为伽利略的先行者。

图 9 - 2　意大利哲学家焦尔达诺·布鲁诺

布鲁诺认为人类所看到的只是无限宇宙中极为渺小的一部分，地球只不过是无限宇宙中一粒小小的尘埃。它还提出生命甚至人类这样的智慧生命，可能广泛存在于宇宙中的其他星球上，只是我们看不到而已。他认为整个宇宙是无限大的，根本不存在固定的中心，也不存在界限。而地球只是绕太阳运转的一颗行星，太阳也只是宇宙中无数恒星中的一颗。在无限的宇宙中，有无数的有智慧生命的世界在产生和消亡，但作为无限的宇宙本身是永恒存在的。

布鲁诺不仅抛弃了地球中心说，也跨过了哥白尼的太阳中心说，大大前进了一步。布鲁诺提出的宇宙无限观点，激怒了罗马教会，导致其于 1600 年在罗马鲜花广场被处以火刑。

3. 拜耳恒星命名方法（1603 年）

德国天文学家约翰·拜耳于 1603 年在他的《测天图》中，提出了一种恒星命名的方法，就是至今还在使用的"拜耳恒星命名法"。在一个星座内，拜耳使用小写的希腊字母 α、β、γ 等为前导，按照从亮到暗的亮度顺序，分配给星座中的每一颗恒星，再与恒星所在星座的拉丁文名字的所属格相结合，于是就得到了这个星座中各个恒星的名字。例如，金牛座 α，它的意思是指在金牛座（图 9 - 3）最耀眼和最明亮的恒星（α 指亮度排序第一）。

图 9 - 3　金牛座

4. 开普勒发现一颗超新星（1604 年）

德国天文学家、物理学家约翰尼斯·开普勒（图 9 - 4）是丹麦天文学家第谷·布拉赫的学生，在老师的影响下，他开始找寻超新星。1604 年 10 月，在蛇夫座中，他发现了一颗超新星，这颗超新星几乎和金星一样明亮。这是人类最后一次仅靠肉眼就可以观测到的超新星，当时它被世界各地的天文观测者观测。

在此之后，开普勒一直在研究这颗超新星，直到这颗超新星于 1606 年消失。三年后，开普勒又发现了哈雷彗星，但他却错误地认为哈雷彗星是以直线运动的方式穿越太阳系，并非围绕太阳运转。

图 9 - 4　德国天文家和物理学家约翰尼斯·开普勒

5. 人类第一台望远镜诞生（1608 年）

400 年前，伽利略用望远镜观察太空，得到了一系列的重要发现，天文学从此进入了望远镜时代。所以，可以毫不夸大地说，没有望远镜的诞生和发展，就没有现代天文学。此外，望远镜对推动现代科学发展也起到了重要作用。

汉斯·李普希是荷兰眼镜制造师与发明家，他因最早申请望远镜的专利被拒绝而闻名于世。望远镜是一种彻底改变天文学的仪器，但时至今日，人们也未搞清楚李普希是否是第一个制造望远镜的人。

望远镜还有另一个别名"窥视者（Looker）"。传说，在李普希眼镜店里，玩耍的孩子们将两个镜片组合举到眼睛前方，发现远处教堂的风向标似乎离他们更近的现象，导致了望远镜的诞生（图9-5）。

图9-5　眼镜店玩耍的孩子发现了望远镜现象

6. 第一个用望远镜认真研究太空的人（1609年）

1609年，意大利天文学家和物理学家伽利略（图9-6）听说李普希的望远镜装置后，就开始对望远镜进行改进，之后建造了一台观天望远镜，并用这台望远镜观测太空，成为世界上第一个用望远镜认真研究太空的人。他对望远镜深入应用，推动整个世界天文学发生了革命性的变化，同时也进一步证明了哥白尼当初把地球和行星放在绕太阳运转轨道上的观点是正确的。

图9-6　意大利天文学家和物理学家伽利略

7. 开普勒发现了天体运动规律（1609 年）

第谷·布拉赫去世后，1609 年，开普勒利用第谷的数据研究了火星运动，发现了火星运行轨道并非圆形，而是椭圆形。在此研究成果基础上，他撰写了《新天文学》（图 9-7），给出了行星运动的两大著名定律：开普勒第一定律和开普勒第二定律。

开普勒第一定律描述了每一个行星都沿各自的椭圆轨道环绕太阳，而太阳则处在椭圆的一个焦点中。开普勒第二定律描述了在相等时间内，太阳和运动着的行星的连线所扫过的面积都是相等的。当时开普勒是先发现了开普勒第二定律，然后才反推出了开普勒第一定律。

今天，《新天文学》被认为是现代科学技术时代重要的学术著作之一。在这之前，哥白尼于 1543 年出版的《天体运行论》提出了"日心说"模型，但哥白尼的"日心说"模型主要解释了行星运动问题，并没有完整地提出行星运动的物理模型，而《新天文学》则完整地给出了行星运动的物理模式。

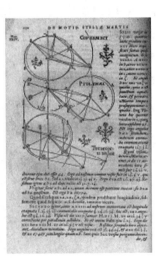

图 9-7 开普勒于 1609 年撰写的《新天文学》

8. 人类开始研究、记录太阳黑子（1610 年）

1610 年，英国天文学家和数学家托马斯·哈里奥特对太阳黑子进行了人类历史上首次有记录的望远镜观测（图 9-8）。后来，伽利略和其他天文学家才开始观测太阳黑子。

一直以来人们普遍认为伽利略绘制了第一张月球地图，但最近的研究表明，哈里奥特于 1609 年 7 月就通过望远镜观测月球，并且首次绘制了月球表面的地形图。

图 9 - 8　最早观测太阳黑子的天文学家托马斯·哈里奥特

9. 观测天文学诞生 (1610 年)

1610 年，伽利略出版了《星际信使》一书（图 9 - 9），描述了透过新发明的望远镜，可以看到夜空中的不同月相，这些发现为哥白尼的天体运动模型提供了强有力的证据。另外，这本书的出版还标志着观测天文学的诞生。

观测天文学是天文学的一个分支，主要是记录可观宇宙的数据，而理论天文学主要是计算物理模型的可测量含义。伽利略把望远镜对准天空，记录下他看到的东西。从此，观测天文学随着望远镜技术的进步而稳步发展。

图 9 - 9　伽利略于 1610 年出版的《星际信使》

但 1616 年，天主教会根据教皇保罗五世的命令将伽利略的《星际信使》一书列为禁书。在《星际信使》遭禁的同一天，哥白尼于 1543 年出版的《天体运行论》一书亦未逃过此劫，同样被列为禁书。

10. 发现猎户座大星云（1610 年）

1610 年，法国天文学家尼古拉斯 - 克劳德·法布里·德·佩雷斯克，首先借助望远镜发现了猎户座大星云（M42），随后其他一些天文学家也独立地发现了这个星云。它是猎户座中恒星诞生的气体云，看起来非常漂亮，通过一副双筒望远镜或小望远镜就可以看到，像一头展翅飞翔的火鸟（图 9 - 10），所以也被称为"火鸟星云"。如果环境理想，装上广角相机镜头进行五分钟的曝光，就可以拍摄到整个猎户座和它的粉红色光芒。

图 9 - 10　猎户座大星云
（图片来源：NASA）

11. 开普勒发现了行星运动的第三定律（1619 年）

1619 年，开普勒在《宇宙谐和论》（图 9 - 11）中提出了行星运动的第三定律。开普勒第三定律的表述是：以太阳为焦点，绕椭圆轨道运行的所有行星，其各自椭圆轨道半长轴的立方与周期的平方之比是一个常量。

该定律把"行星到太阳的距离"与"行星运转周期"联系起来了。开普勒第三定律也被称为"行星运动定律"。

图 9 - 11　开普勒的《宇宙谐和论》

12. 鲁道夫星历表问世（1627 年）

1601 年，第谷去世。临死前，第谷对开普勒寄予厚望，希望他好好挖掘他耗尽毕生心血积累的数据，不让他一生的努力白费。第谷还给自己写了墓志铭："像圣人一样生活，像傻瓜一样死去。"

开普勒利用他的行星运动新定律，完善了一个最初由第谷·布拉赫发起的项目，即一本关于记录行星位置的书，记录了鲁道夫二世时期的行星位置，被称为鲁道夫星历表（图 9 - 12）。这份星历表中包含 1006 颗由第谷测量的恒星位置、400 多颗来自托勒密和拜耳测量的恒星位置以及记载的太阳系行星位置。

图 9 - 12　出自鲁道夫星历表的世界地图

13. 人类首次观测水星轮廓（1631 年）

1631 年，法国天文学家皮埃尔·伽桑狄（图 9 - 13）在水星凌日期间，对水星轮廓进行了历史上的首次观测，同时出版了关于水星凌日方面的著作。此前开普勒利用鲁道夫表预测到了这次水星凌日事件，同时也预报出下一次水星凌日事件将发生在 2016 年。后来，月球上一座环形山就是用伽桑狄的名字命名的。

图 9 - 13　法国天文学家皮埃尔·伽桑狄

14. 伽利略关于托勒密和哥白尼两大世界体系的对话（1632 年）

1632 年，伽利略的《两大世界体系的对话》一书出版（图 9 - 14），这本书采用对话的形式，参与对话的是支持他的两个朋友，伽利略用这种对话形式展现内容使他的著作拥有广大的读者。这本书讨论了哥白尼日心说和托勒密地心说的各种分歧，并用他的许多新发现和力学研究新成果论证了哥白尼体系的正确和托勒密体系的谬误。

这本书激怒了天主教派，出版后的第二年，在宗教裁判所的审讯中，伽利略被迫宣布放弃关于日心说的观点。他被软禁在自己房子里，并且他之前出版的所有书都被查封了。在该书出版200年后，教会于1835年解除了对该书的禁令。直到1992年，教皇约翰·保罗二世才宣布教会对伽利略案处理不当。

图9-14　伽利略的《两大世界体系的对话》

15. 人类首次科学计算金星凌日（1639年）

一位英国的青年业余天文学家杰雷米亚·霍罗克斯计算出金星会在1639年12月4日从太阳的前面经过，也就是金星凌日（图9-15）。一个月后，他和他的朋友威廉·克拉布特里成为第一个见证这次金星凌日的人，也是人类首次记录金星凌日事件。

那个时期，开普勒也十分关注此事，但他计算金星不会凌日，只是从太阳边缘擦过。而天文学家霍罗克斯则修正了开普勒的计算结果，也计算出了金星凌日事件会于1639年12月4日发生。为了安全地观测金星凌日，霍罗克斯使用一台简单的望远镜把太阳影像投影在纸上。

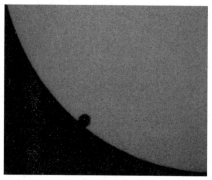

图 9 - 15　杰雷米亚·霍罗克斯自制观测天体仪器（左）和金星凌日（右）

（图片来源：右，NASA）

16. "蒙德极小期"（1645—1715）

1645—1715 年的七十年，被称为"蒙德极小期"，这一时期西欧和北美的天气异常寒冷，所以，有时也被称为"小冰河期"。

1894 年，太阳学家爱德华·沃尔特·蒙德在研究那段时期的记录资料时（图 9 - 16），发现从 1645 年到 1715 年的七十年里，明显地缺少有关太阳黑子的报导，但是在 1645 年以前及 1715 年以后，太阳黑子的报导却很丰富，他认为这并不是因为报导不完善，而是因为在此期间黑子确实很少。因为他的报告标示出 1645—1715 年间的特殊性，所以这个期间即是后来以他名字命名的"蒙德极小期"。

图 9 - 16　太阳学家爱德华·沃尔特·蒙德（左）和"蒙德极小期"的寒冷（右）

17. 人类首次出版关于月球地形的著作（1647 年）

约翰·赫维留斯是波兰天文学家（图 9 - 17），他经过 10 年的月球观测，记录月球的表面地形，发现了月球经度方向的天平动，并于 1647 年出版著作《月球地形描述》（*Selenographia Sive Lunae Descriptio*）。在这本著作中，他给出了非常精确的月球地形图，因此后来人们称他为月球地形研究创始人。此外，赫维留斯也是第一个计算月球山脉高度的人。

图 9 - 17　天文学家约翰·赫维留斯（左）和他的月球地形图（右）

18. 发现北斗七星的一颗双星（1650 年）

意大利天文学家乔万尼·巴蒂斯塔·里乔利首次用望远镜发现了位于北斗七星柄部的一颗双星（图 9 - 18）系统，中国人称它为"开阳星"。"开阳星"是星座名，古代中国民间把大熊星座中的七颗亮星视为一个勺子，从勺柄数起第二颗称为开阳星。

为什么称"开阳星"为双星系统？因为仔细观测会发现它旁边很近的地方还有一颗暗星，始终在开阳星附近，就像是"开阳星"的卫士。

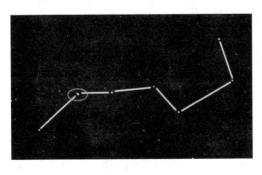

图 9 - 18　北斗七星柄部的"开阳星"（左）和开阳星星座（右）

（图片来源：右，NASA）

19. 惠更斯的发现（1655—1659 年）

1655 年，荷兰天文学家和数学家克里斯蒂安·惠更斯使用他自己设计的望远镜（口径 5.1 厘米，放大倍数为 50 倍）发现了土星周围有一个薄而平的环系，但它没有与土星接触，同时还发现了"土卫六"。

 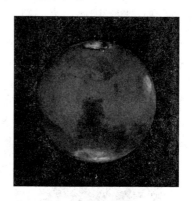

图 9 – 19　惠更斯（左）和惠更斯用望远镜看到的大瑟提斯高原（照片中心黑暗地貌）（右）

（图片来源：左，NASA）

从 1655 年开始，惠更斯使用望远镜观测火星，并于 1659 年 11 月，看到火星盘面上，有一个"V"字型的阴影区（图 9 – 19）。3 天后，他发现"V"字型区域的位置有移动现象，于是他推测火星的自转速度跟地球差不多，约 24 小时转一圈。现在人们知道火星表面"V"字型的黑色区域就是火星的"大瑟提斯高原（Syrtis Major）"。

20. 艾萨克·牛顿发现万有引力（1646—1667）

牛顿出生在科学启蒙时代，他的贡献改写了人类科学发展史。正如 18 世纪英国最伟大诗人亚历山大·波普所述："自然与自然定律隐藏在黑夜中；上帝说，让牛顿来。于是，一切顿时光明。"

1665 年至 1667 年英国爆发了大规模传染病，超过 10 万人死于这次瘟疫，相当于当时伦敦人口的五分之一。在这次伦敦大瘟疫爆发前几个月，一颗明亮的彗星在夜空中缓慢地划过。

1666 年，瘟疫向北蔓延至剑桥，英国科学家牛顿离开剑桥，前往老家庄园避难。在避难的两年里，他发现了万有引力。此外，他还独自研究了微积分的创立工作（与此同时，德国数学家莱布尼茨也创立了微积分）（图 9 – 20），就是今天人们学习和使用的牛顿 – 莱布尼茨微积分理论。

图 9 – 20 英国科学家牛顿（左）和德国数学家莱布尼茨（右）

21. 卡西尼发现火星极地冰冠（1666 年）

1666 年，意大利天文学家和工程师乔瓦尼·卡西尼发现火星极地冰冠（图 9 – 21）。今天我们知道火星的北极冰冠的大部分是水冰，还有一个季节性的干冰板，也就是固态的二氧化碳。每个冬天，冰盖会增加干冰的厚度。在夏天，干冰直接从固体转化成气体进入大气层，火星稀薄大气层的二氧化碳（CO_2）有三分之一是"冻结"在北半球和南半球冬季的冰冠上。

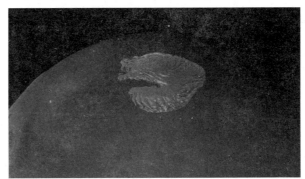

图 9 – 21 乔瓦尼·卡西尼（左）和火星北极冰冠（右）
（图片来源：右，NASA）

22. 人类最早发现的变星（1667 年）

意大利天文学家赫米尼亚诺·蒙塔纳里（Gemonian Montanari）发现了"大陵五（Algol）"的亮度变化（图 9 – 22），直到一个多世纪后，它的亮度变化周期才被人们认识。

"大陵五"也就是英仙座 β，俗称为"恶魔之星"，是英仙座中一颗明亮的聚星，也是人类较早发现的变星之一。为了纪念赫米尼亚诺·蒙塔纳里的贡献，月球正面西南高地上一座古老的大撞击坑被命名为"蒙塔纳里环形山"。

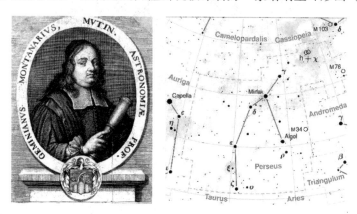

图 9-22　意大利天文学家赫米尼亚诺·蒙塔纳里（左）和大陵五（右）

23. 牛顿发明反射式望远镜（1668 年）

1668 年，牛顿发明了反射式望远镜（图 9-23）。反射式望远镜是迄今为止应用较广泛的望远镜之一，牛顿反射式望远镜的设计理念使得今天制造大型望远镜成为现实。目前，人们为了纪念牛顿的发明，将简单反射式望远镜的设计思想统统称为"牛顿主义者"。

图 9-23　牛顿发明的反射式望远镜

24. 人类最早发现光速是有限的（1676 年）

光速一直被认为是无限的，并且是瞬间到达的。早期的物理学家，如培根、开普勒和笛卡儿等，都认为光速是无限的。但伽利略却认为光速是有限的，1638 年他让两个人提着灯笼各自爬到相距约一千米的山上，让第一个人点亮灯笼，并开始计时；对面山上的另一个看见亮光时也点亮自己的灯笼，然后直到第一个人看见对面的灯笼点亮后，停止计时。这是历史上非常著名的测量光速的"掩灯方案"，但由于光速实在太快了，所以实验没有成功。

1676 年，丹麦天文学家奥勒·罗默（图 9-24）利用木卫一的视运动，首次测量了光速，证明了光是以有限速度传播。他当时测量的光速为 225 000 千米/秒，而真实的光速为 299 792 千米/秒。为什么他测量的光速会误差这么大？奥勒·罗默在求解光速时，利用了地球轨道半径，而当时人类只知道地球轨道半径的近似值，所以他解算出来的光速与真实光速相差甚远。

图 9-24　丹麦天文学家奥勒·罗默

25. 人类利用望远镜发现的第一颗彗星（1680 年）

德国天文学家戈特弗里德·基尔希（图 9-25）发现一颗耀眼的彗星，后来被命名为"C/1680 V1 彗星"，也称"1680 年大彗星"，或称为"Kirch 彗星"。1680 年，大彗星的彗尾横跨半个天空，它是人类首次用望远镜发现的彗星。根据资料记载分析，这颗彗星也是 17 世纪较为明亮的彗星之一，所以即使白天也可以观测到它的踪迹。除了它的亮度之外，牛顿还用它来测试和验证开普勒定律，所以人们也称这颗彗星为"牛顿彗星"。

图9-25　天文学家戈特弗里德·基尔希（左）和1680年大彗星出现的情景（右）

26.《自然哲学的数学原理》出版（1687年）

自牛顿发现万有引力的20年间，科学家们似乎觉得"在距离的平方反比的力的作用下，物体的运动轨迹将呈现椭圆形"，但没有谁可以证明这一结论。哈雷认为牛顿能够证明这个问题，于是他拜访了牛顿，结果发现牛顿已经解决了这个问题。在哈雷的鼓励下，牛顿对这些研究成果进行了系统的整理，并于1687年出版了《自然哲学的数学原理》（图9-26）。

《自然哲学的数学原理》分为三卷：第一卷表述了牛顿三定律，第二卷论述了在阻力作用下的物体运动，第三卷讨论了宇宙体系。其中，牛顿的三大运动定律和万有引力定律是全书的核心内容。

图9-26　牛顿的《自然哲学的数学原理》

　　牛顿的《自然哲学的数学原理》是人类科学史乃至整个人类文明史中的不朽巨作，它标志着经典力学体系的建立，还标志着人类社会从此进入了牛顿时代。科学史通常认为，从哥白尼时代就开始呼唤的近代科学革命，终于在牛顿这里得到了实现。

27. 第一个发现恒星运动的人（1718 年）

　　埃德蒙·哈雷将当年恒星位置与 1850 年前希帕克斯绘制的恒星位置相比较（图 9 - 27），发现恒星并非像希腊人认为的那样永恒不动，恒星之间是有相对运动的。具体而言，三颗明亮的恒星——天狼星、南河三（小犬座 α）和大角星，已经改变了它们曾经的位置。于是，他提出星表不仅应该记录恒星的位置和亮度，还应该记录恒星的运动速度和方向，有了这些信息，人们就可以反推恒星曾经的位置。

图 9 - 27　观测太空的希帕克斯（左）和埃德蒙·哈雷（右）

28. 第一个发现"光行差"的人（1725 年）

　　英国天文学家詹姆斯·布拉德雷（图 9 - 28）发现了"光行差"现象，并于 1728 年宣布了这一发现。"光行差"是指运动的观测者观察到光的方向，与同一时间同一地点静止的观测者观察到的方向有偏差的现象，这种错觉类似于从一辆行驶的汽车上看，垂直落下的雨水似乎以一个角度落下。

　　在天文观测中，"光行差"现象尤为常见，这是因为地球在运动，所以在地球上观察天体的位置时，总是存在"光行差"，其大小与观测者的速度、天体

图 9 - 28　英国天文学家
詹姆斯·布拉德雷

方向和观测者运动方向之间的夹角有关，并且是不断变化的。

十、用望远镜发现了行星（1744—1838）

　　200 多年前，一位英国音乐教师、业余天文爱好者，后来成为举世闻名天文学家的威廉·赫歇尔在观察太空时，用自己制造的天文望远镜发现了天王星，并证明它是一颗行星，这是人类认识太阳系以来具有划时代意义的大事。

　　1. 人类首次发现的多尾彗星（1744 年）

　　1744 年，瑞士一位天文学家发现一颗非常壮观的大彗星，这颗大彗星非常明亮，即使白天也能看见它，所以当时很多人看到了这颗大彗星。

　　这颗大彗星被命名为"歇索"彗星（图 10 - 1），也称为 C/1743 X，这颗大彗星在到达近日点后形成了一个由六条尾巴组成的"风扇"，这一点尤其引人注目。这六条尾巴从东方的地平线下面逐渐升向天空，但这颗大彗星的头部始终没有露出地平线。

图 10 - 1　1744 年出现的"歇索"大彗星

　　2. 人类首次观测到预测返回的哈雷彗星（1758 年）

　　1758 年的圣诞节夜晚，一位德国农民，也是自学成才的业余天文学家约翰·帕利茨奇（图 10 - 2），成为历史上第一个看到预测返回的哈雷彗星的人，他因此一跃成名，并载入史册。

　　非常遗憾的是，天文学家爱德蒙·哈雷于 1742 年逝世，未能活着看见这颗彗星的回归。1759 年，法国天文学家尼可拉·路易·拉卡伊将这颗彗星命名为

"哈雷彗星"，以纪念爱德蒙·哈雷的贡献。

图 10 - 2　业余天文学家约翰·帕利茨奇

3. 发现金星大气层的第一人（1761 年）

1761 年金星凌日期间，俄国天文学家米哈伊尔·瓦西里耶维奇·罗蒙诺索夫（图 10 - 3）将望远镜对准太阳，仔细观测了金星在日面的划过现象，发现金星在进入和离开日面的时候，日面圆边都会抖动一下，由此他意识到这是金星存在大气的表现，并推断金星拥有大气层。他因而成为第一个发现金星有大气的人，这也是人类首次知道其他行星也有大气。

图 10 - 3　俄国天文学家米哈伊尔·瓦西里耶维奇·罗蒙诺索夫

4. 18 世纪的最后一次金星凌日（1769 年）

金星在 18 世纪第二次、也是最后一次凌日现象，许多地方的天文学家都观测到了。英国探险家詹姆斯·库克（James Cook）在塔希提岛建立了一个观测站（图 10 - 4），他写道："这一天被证实是我们所希望的最有利的一天，没有一丝云彩出现……空气非常清澈，所以我们在一切有利的条件下来观察金星凌日的整个过程。"

图 10 - 4　天文学家詹姆斯·库克在塔希提岛观测金星凌日时使用的帐篷天文台

5. 距离地球最近的彗星（1770 年）

1770 年，莱克塞尔彗星距地球仅 224 万千米，与历史记录中的任何其他彗星相比，它更接近地球，所以它是迄今为止已知的距离地球最近的彗星，这颗彗星毛茸茸的头部直径是满月的 5 倍，而它对木星及其卫星以及地球和月亮没有摄动。这颗彗星自1770 年以后就没有再出现过，所以被认为是一颗失落的彗星。

图 10 - 5　法国天文学家
查尔斯·梅西耶

莱克塞尔彗星是由法国天文学家查尔斯·梅西耶（图 10 - 5）发现的，他因制作《梅西耶星团星云表》而著名，《梅西耶星团星云表》可以帮助天文学家来区分天空中的永久性天体和短暂的视觉漫反射物体。

6. 发现天王星（1781 年）

本来人的肉眼可以看见天王星，但由于它比较暗淡及缓慢的运行速度，因此它从未被古代观察者认作行星。1781 年 3 月 13 日，英国天文学家威廉·赫歇尔（图 10 - 6）在观察双子座中的恒星时，发现了一个奇怪的绿色光点，后来观察证明他发现了一颗新行星，并被命名为天王星，这也是人类使用望远镜以来发现的第一颗行星。

天王星在被认可为行星之前，曾多次被观察过，已知最早的观测可能要追溯到公元前128年，是由喜帕恰斯（Hipparchus）观测，他把它作为一颗恒星，而记录到了他的星表上。

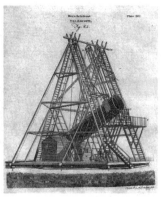

图 10 - 6 英国天文学家威廉·赫歇尔（左）和他制造的望远镜（右）

7. 人类最早预言暗天体的存在（1783 年）

18 世纪，天文学家猜想宇宙可能不是由我们所熟悉的发光物质，如恒星、星云、星系所组成，而是由我们目前还不知道形式、性质的物质所组成，或许也有宇宙暗星体，我们看不见。

英国地质学家、天文学家约翰·米歇尔（图10 - 7）预言了黑洞的存在，其密度很大且非常紧凑，拥有连光都无法逃逸的巨大引力。此外，他还是第一个提出地震以波的形式传播、第一个解释如何制造人造磁铁、第一个将统计学应用于宇宙研究的人。他还发明了一种测量地球质量的仪

图 10 - 7 英国地质学家和天文学家约翰·米歇尔

器。据一位科学记者说，米歇尔的成就听起来确实像是从一本 20 世纪天文学教科书上撕下来的。美国物理学会将米歇尔描述为"远远领先于同时代的科学家"。

8. 人类首次绘制银河系图形（1785 年）

1784 年，威廉·赫歇尔决心要数一数天上的星星究竟有多少，并且想了解在不同的地方星星的数目究竟是怎样分布的。赫歇尔在妹妹卡罗琳的协助下，

发现越靠近夜空中那条乳白色的光带，每单位面积上的恒星数目越多。1785 年，他们绘制出了银河系图形（图 10 - 8），发现和证明了银河系呈扁平形状。但非常遗憾，他错误地认为太阳系位于银河系中心。

曾经有一些天文学家也这样认为。比如，1750 年，英国天文学家赖特认为银河系是扁平的；1755 年，德国哲学家康德提出了恒星和银河之间可能会组成一个巨大的天体系统；随后的德国数学家郎伯特也提出了类似的假设。

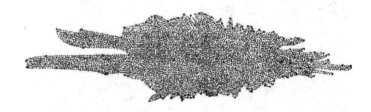

图 10 - 8　威廉·赫歇尔绘制的银河系

（图片来源：NASA）

9. 第一位发现新彗星的女性（1786 年）

1786 年 8 月 1 日，英国天文学家卡罗琳·赫歇尔（图 10 - 9）成为发现新彗星的第一位女性，随后，她又继续发现另外七颗彗星。

图 10 - 9　卡罗琳·赫歇尔

卡罗琳·赫歇尔出生在德国，十岁时因患斑疹伤寒停止发育，维持在 1.2 米左右的身高，终身未嫁。22 岁她搬去英国做哥哥威廉·赫歇尔的管家，后来成为哥哥的全职助手，并对天文产生兴趣。威廉·赫歇尔死后，她没有放弃天文研究。1828 年她整理好自 1800 年威廉发现的 2000 个星云列表，并获英国皇家天文学会颁发的奖章，1846 年获普鲁士国王颁发的奖章。

10. 本杰明《年鉴》出版（1791—1796）

非裔美国天文学家本杰明·班纳克（图 10 - 10）是一个自由黑人。本杰明的奶奶是英国人，童年时期，他的奶奶教他读书、写字和算术。1792 年至 1797 年，本杰明出版了一本《年鉴》，书中除涉及天文计算和天气预报外，还涉及医学和文学相关的内容。

另外，本杰明也是一位颇有造诣的钟表工匠和测量员，他制造的一座会走时辰的大木钟让他名声大噪，因为这是美国制造的第一个大钟。本杰明还制订了一个建设华盛顿的规划，标出街道、建筑物、议会大厦、白宫等位置图。美国邮政总局于 1980 年发行了一枚纪念本杰明的邮票。

图 10 - 10　本杰明《年鉴》（左）和本杰明·班纳克（右）

11. 首次提出"陨石来自太空"的猜想（1794 年）

现代科学发展初期，天文学家们一直否认陨石来自太空的说法，并认为上帝怎么会创造一个如此混乱的宇宙，天上不可能掉石头。所以，关于火球和石头撞击地球的报告一直被视为谣言。

随着科学的发展，陨石坠落地球变得不再神秘，科学家们利用坠落的陨石可以揭开太阳系与地球演化的谜团，他们能从坠落地球的陨石窥探太阳系的年龄，甚至进一步形成太空生物学。

1794 年，德国音乐家和物理学家恩斯特·克拉尼（图 10 - 11）收集了一些陨石块，并根据目击者的报告，提出"陨石坠落与火球（明亮的流星）的出现有关，两者都起源于太空"。针对这一专题，他还写了一本书，解释陨石是行星爆炸后的碎片。

图10 - 11　德国音乐家和物理学家恩斯特·克拉尼

12. 人类第一次科学地描述流星雨（1799 年）

1799 年 11 月 12 日晚，狮子座流星雨异常强烈，南美洲和墨西哥湾上空布满了成千上万颗流星。在对这一惊人事件的描述中，安德鲁·艾略特写道："……这一现象壮观而可怕，整个天空仿佛被火箭照亮（图 10 - 12）"。这是人类有史以来第一次对流星雨的科学描述。

图10 - 12　1799 年 11 月 12 日晚发生在狮子座的流星雨

13. 发现红外线（1800 年）

1800 年，威廉·赫歇尔在研究阳光穿过玻璃棱镜产生各种颜色光的温度（图 10 - 13）时，发现了不可见的太阳红外辐射现象。他当时用温度计测量太阳光谱的各个部分，结果发现，在将温度计放在光谱红端外测温时，温度上升得最高，而那儿却完全没有可见颜色的光线。于是他得出结论：太阳光中包含着处于红光以外的不可见光线，也就是红外线。

图 10 - 13　威廉·赫歇尔发现红外线

14. 发现谷神星（1801 年）

意大利天文学家朱塞普·皮亚齐（图 10 - 14），于 1801 年 1 月 1 日晚上，通过望远镜，发现在背景星空中有一个神秘的移动星点，起初他以为这只是一颗恒星，移动只是因为观测错误，但在随后的三个晚上再次观测之后，他肯定这星点并非恒星，所以公布这是一颗彗星。但由于这颗天体没有呈云雾状，移动速度亦较慢且均匀，他又意识到这颗天体可能并非彗星。

可是这颗天体不久便淹没在阳光之中，后来天文学家们凭借德国数学家高斯给出的轨道计算方法，再次找到了它，证实了皮亚齐的猜想，这颗天体不是恒星，也不是彗星。皮亚齐实际上发现的是一颗小行星，后来被命名为"谷神星"，这也是人类发现的第一颗小行星，它位于火星和木星轨道之间，跨度约 930 千米。

15. 发现太阳光谱中的黑线（1802 年）

英国化学家和物理学家沃拉斯顿发现了太阳光的连续光谱带，其实它们并不是真正连续的，而是带有许多黑线条（图 10 - 15）。但他没

图 10 - 14　意大利天文学家
朱塞普·皮亚齐

有深究原因，误认为这些黑线是棱镜的缺陷导致。此外，他还发现了紫外线。

科学家们认为，假若这种黑线出现在 140 年前牛顿的眼前，也许他稍微注意观察一下，就会掌握这把揭示宇宙奥秘的钥匙。所以，对于人类的宇宙探究史，或者对于牛顿的光辉生涯，都是一件千秋遗憾的事。

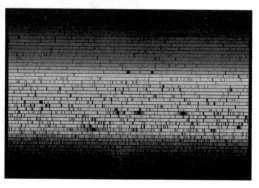

图 10-15　英国科学家沃拉斯顿（左）和太阳光谱中的暗线（右）

16. 人们开始相信陨石来自地球之外（1803 年）

法国物理学家、天文学家和数学家让 - 巴蒂斯特·毕奥（图 10-16），在电磁学研究领域曾提出知名的毕奥 - 萨伐尔定律，他还是发现云母光学性质的第一人。

1803 年，一群岩石从天而降，落到了距离巴黎只有 140 千米的赖格尔小镇附近，毕奥亲临现场进行调查，分析并证明了这群岩石来源于地球之外。他撰写了一份目击天上陨落物体的调查报告，终于使持怀疑态度的科学界相信陨石的存在。

图 10-16　法国物理学家、天文学家和数学家让 - 巴蒂斯特·毕奥

17. 发现双恒星的确靠得很近（1804 年）

英国天文学家威廉·赫歇尔（图 10 - 17）研究双恒星，也称为"双星"系统，他很关注彼此靠得极近的两颗恒星。其实大约一个半世纪以前有人已发现这种成对的恒星，但当时人们认为这些星之所以靠得那么近，是因为它们几乎恰好位于同一条视线方向上，而实际上，"双星"中两颗恒星相距很远。

赫歇尔对此做了大量观测，发现两颗星都未显示出视差位移的现象。根据他的观察，赫歇尔得出结论："它们不是看上去粘在一起，实际上的确靠得很近。它们被引力束缚在一起，围绕着一个共同的质心旋转。"

图 10 - 17　英国天文学家威廉·赫歇尔

18. 日全食事件进入教会的布道（1806 年）

日全食之类的天文现象，与人们的日常生活确实是没有直接联系。但它代表了人类终极的人文关怀，代表了人类一种对大自然的极度热爱，代表了对支配万事万物的自然铁律永恒的好奇和敬畏。

1806 年，一位梦想成为伟大作家的年轻人詹姆斯·费尼莫尔·库珀，在纽约州观测到日全食。大约 25 年后，他描述了那次看到日全食时难忘的经历："在被月亮遮暗的白天，星星出现在天空中。"他的描述也出现在约瑟夫·莱斯罗普（图 10 - 18）牧师的布道中。

布道是指基督教教会中，由神父、传道人或牧师进行的演讲。布道主要包括圣经、神学、宗教或道德方面的社会话题，通常在过去和当前的背景下阐释信仰、律法等。

图 10 - 18　约瑟夫·莱斯罗普牧师的布道

19. 一群陨石碎片散落在美国康涅狄格州的韦斯顿（1807 年）

1807 年，在美国康涅狄格州韦斯顿市，随着一个明亮的火球出现，一群陨石碎片坠入田野，这是美国记录的第一次陨石坠落事件。耶鲁大学的两位教授本杰明·西利曼（图 10 - 19）和詹姆斯·金斯利调查了这一事件并分析了样本，得出的结论是：这些岩石来自宇宙。

关于这一事件，美国时任总统托马斯·杰斐逊曾说："相信两个美国佬教授会说谎，比相信石头会从天而降要容易得多。"

尽管托马斯·杰斐逊总统对此持怀疑态度，但本杰明·西利曼和詹姆斯·金斯利对韦斯顿陨石的分析奠定了美国现代科学研究的基础。

图 10 - 19　耶鲁大学教授本杰明·西利曼

20. 历史上最大的彗星（1811 年）

1811 年大彗星具有一个特大的彗发，约超过 160 万千米，比太阳直径还大百分之五十。这颗彗星的核心直径介于 30—40 千米之间，这是历史上伟大的彗星之一（图 10 – 20）。因为这颗大彗星拥有巨大彗核，所以即使彗星并没有特别接近太阳或地球，它仍然相当耀眼，肉眼可以直接观察彗星的时间长达 9 个月。1811 年大彗星光临地球，也被许多国家的老百姓认为是生产"彗星酒"的大好时期。

图 10 – 20　1811 年的大彗星

21. 对太阳光谱中的暗线进行编目（1817 年）

1817 年，德国物理学家约瑟夫·冯·夫琅和费（图 10 – 21）利用自己发明的分光仪，对太阳光谱中的数百个暗线进行了研究和编目。天文学家后来了解到，通过对这些暗线的分析，可以从中获得关于恒星组成的重要信息。现在为了纪念他，这些线被称为"夫琅和费谱线"。夫琅和费谱线也是著名的吸收谱线，整个太阳吸收光谱则被称为"夫琅和费光谱"。

图 10 – 21　德国物理学家约瑟夫·冯·夫琅和费

22. 美国建造海军天文台（1825 年）

1825 年，酷爱探索星空的美国总统约翰·昆西·亚当斯，在国会发表第一次年度总统演讲时敦促在华盛顿特区建造一个天文台（图 10 – 22）。五年后，这个天文台成为美国海军的制图与仪器库，主要工作是管理美国海军的航海天文钟、海图等航海用具，并根据恒星穿越子午圈的时刻对船舶上的天文钟进行校准。

今天，美国海军天文台在授时、天体测量领域已经成为世界上最权威的机构，每年出版一册天文年历，世界各国可以通过拨打电话或者访问互联网获得美国海军天文台提供的授时服务。

图 10 - 22　位于华盛顿的美国海军天文台（左）和最初天文台的天文观测装备（右）
（图片来源：左，NASA）

23. 世界上第一张照片（1826 年）

法国是世界上最早发明摄影术的国家，1826 年法国陆军退役军官尼瑟佛尔·尼埃普斯，发明了世界上第一台相机。在房子顶楼的工作室里，他拍摄了世界上第一张照片（图 10 - 23）。在这张照片里，左边是鸽子笼，中间是仓库屋顶，右边是另一屋的一角。这张照片曝光花了 8 个小时。后来，摄影在天文学中发挥了重要作用。

图 10 - 23　世界上第一张照片《莱斯格拉的窗外景色》

24. 一次罕见的流星雨（1833 年）

1833 年，狮子座流星雨在欧洲和中东爆发。流星陨落速度之快，好像是一场"火雨"（图 10 - 24）。据现代科学估计，这次流星雨最猛烈时，每小时可看到约 20 000 颗流星划破天空。1833 年狮子座流星雨还成就了一项重要的发现，那就是科学家们观测到了狮子座流星群的辐射点。

图 10 - 24　在欧洲和中东爆发的狮子座流星雨

25. 正确解释流星雨的形成（1833 年）

1833 年 11 月 13 日清晨，日出前的几个小时，北美洲东部的整个天空都被密集的流星照亮，估计当时每小时大约可看到 5 万到 10 万颗流星。当时北美东部的居民被窗外一闪又一闪的流星惊醒，他们以为这就是《圣经》上所说的"审判日"。

美国天文学家欧蒙史泰德对流星雨进行观测，发现所有的流星都是从狮子座"镰刀"附近的一点辐射出来的，并且随着星星的周日视运动而一起移动。欧蒙史泰德认为流星雨是源自外太空，而不是大气里的现象。他认为，流星是一大群零散的物体，以椭圆轨道绕太阳运行，当地球进入这个轨道时，这些物质就会并行地冲入地球的大气层，它们在燃烧发光后成为人们所看到的流星雨（图 10 - 25）。

图 10 - 25　1833 年从尼亚加拉瀑布看到的狮子座流星风暴

26. 月球大骗局（1835 年）

1835 年，英国天文学家约翰·赫歇尔（威廉·赫歇尔的儿子）在纽约《太阳报》上发表了一系列关于"发现月球上有一种长着蝙蝠翅膀的类人生物"的文章（图 10 - 26），一周之内，约有十万份当地报纸刊登了此文，当时纽约人口不过三十万；两周之后，消息传遍美国；一个月后，又被"传回了"欧洲。这个故事原来是一个名叫理查德·亚当斯·洛克的记者编的一个巧妙的骗局。

图 10 - 26　赫歇尔在"蓝色圣殿"的周围地
带发现了一个更高级的"蝙蝠人"群体

图 10 - 27　塞米诺尔人的
首领奥西奥拉

27. 哈雷彗星回归（1835 年）

1835 年，哈雷彗星出现在天空，被佛罗里达塞米诺尔人首领奥西奥拉（图

10-27）描述为"天空中的一把大刀子"。

奥西奥拉是第二次塞米诺尔战争中的印第安人领袖，这场战争始于1835年。美国政府企图迫使塞米诺尔人离开在佛罗里达州的传统土地迁到印第安人区域。奥西奥拉和他的追随者采用游击战术，迫使美国政府进行停战谈判。在谈判期间，奥西奥拉被逮捕，后又被押解到南卡罗拉纳州查尔斯顿，并死于该地。

28. 美国第一个永久天文台（1836—1838）

1834年，阿尔伯特·霍普金斯教授在美国威廉姆斯学院董事会的同意下前往英国寻找天文仪器。从1836年到1838年，霍普金斯教授和他的学生在威廉姆斯学院的场地上建造了一个永久性的天文台（图10-28），这座建筑至今仍屹立不倒，现在是米勒姆天文馆的所在地，馆内设备可以供威廉斯学院的学生上课使用。

图10-28　1904年的米勒姆天文馆（左）和现在的米勒姆天文馆（右）

（图片来源：右，NASA）

十一、用数学计算出来的行星（1838—1905）

自从牛顿发现万有引力，天文学家就开始利用它来计算行星的运动轨迹，不仅能够计算出木星、土星和火星在天空中的具体位置，还发现了一颗新的行星。也许这就是数学的魅力，也是科学的引人之处吧。

1. 人类首次测量恒星的距离（1838年）

德国弗里德里希·威廉·贝塞尔（图11-1）是第一位用三角测量法测量恒星距离的天文学家。他计算出"天鹅座61"的恒星距离地球约10光年，这比真实距离 11.4 光年略短。这是天文学家第一次测量太阳以外的恒星与地球之间的距离。贝塞尔获得的成果以微弱的优势击败了德国天文学家威廉姆·斯特鲁夫和苏格兰皇家天文学家托马斯·亨德森。斯特鲁夫计算得出了织女星的距离，亨德森测量得出了半人马座 α 星的距离。

三角测量法是利用几何关系，假设目标点为三角形的第三个点，已知一个边长及两个观测角度，则可以求得观测点到目标点的距离。

图 11-1　德国天文学家弗里德里希·威廉·贝塞尔

2. 人类拍摄的第一张月球照片（1840 年）

1840 年，美国科学家约翰·德雷珀通过望远镜拍摄的第一张月球的银版照片，成为第一个拍摄月球照片的人。

德雷珀是医生、科学家和摄影师，他研究光化学，并提出更好的拍照方法。在德雷珀拍摄月亮之前，另一位摄影师试图做同样的事，但他的照片模糊不清。德雷珀的第一张成功照片也经历了几次尝试。他用 5 英寸望远镜进行了 20 分钟的曝光，并在 1840 年 3 月 23 日公开宣布了他的结果（图 11-2）。

3. 发现多普勒效应（1842 年）

1842 年，正当奥地利数学家、物理学家克里斯琴·多普勒（图 11-3）路过铁路交叉处时，一列火车从他身旁驰过，他发现火

图 11-2　约翰·德雷珀于 1840 年拍摄的世界上第一张月球照片

车从远而近时汽笛变响、音调变尖，而火车从近而远时汽笛变弱、音调变低。他对这个现象进行了研究，发现这是由于振源与观察者之间存在着相对运动，使观察者听到的声音频率不同于振源频率的现象。他的这一发现至今仍对世界产生重大影响，为了纪念他，就把这一发现称为"多普勒效应"或"多普勒频移"。多普勒频移也发生在光学中，当一个天体靠近时，光线会变成蓝色；当一个天体后退时，光线会变成红色。天文学家利用"多普勒频移"，计算恒星或星系在宇宙中移动的速度，并发现宇宙的膨胀。

图 11-3　奥地利数学家、物理学家克里斯琴·多普勒

4. 发现太阳黑子的活动周期（1843 年）

德国天文学家萨缪尔·海因里希·史瓦贝（图 11-4）原本是药剂师，但他专注于天文学。他试图发现水星轨道内侧环绕太阳的一颗新行星，这颗行星很接近太阳，很难被发现，但史瓦贝相信当它经过太阳前方时会呈现出一个黑点，能被观察到。在长达 17 年的观察时间里，他日复一日地审视太阳表面，并且记录下每一个黑点，虽然没有发现新行星，却发现太阳黑子活动，按照他的观察数据，估算周期为 10 年。随后鲁多夫·沃尔夫等人将"太阳黑子活动周期"精确至 11 年。

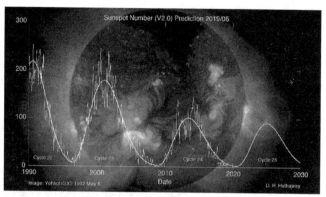

图 11 - 4　德国天文学家萨缪尔·海因里希·史瓦贝（左）和太阳黑子活动周期（右）
（图片来源：右，NASA）

5. 尾巴最长的彗星（1843 年）

1843 年大彗星的彗尾长度超过 3 亿千米（图 11 - 5），比太阳到水星轨道的距离还远，成为当时最长的彗尾纪录。直到 1996 年百武彗星出现，这项纪录才被打破。

图 11 - 5　1843 年出现的大彗星

1843 年的大彗星在光天化日之下环绕太阳时可见。美国东北部有一个宗教派别叫"米勒派"。威廉 - 米勒是新英格兰地区的一位农民，他花了几年时间研究《圣经》，得出结论："可从《圣经》经文推测出上帝选择毁灭这个世界的时间。"米勒信徒们认为在 1843 年大彗星光临期间地球将毁灭。但当大彗星从人们视野中消失，整个世界仍然保持完整时，"米勒派"信仰最终瓦解了。

6. 人类首次用望远镜观测旋涡星系（1845 年）

1845 年，罗斯勋爵在爱尔兰的帕森城利用他的巨型望远镜寻找查尔斯·梅西耶在 1773 年发现的一个具有螺旋结构的模糊天体（图 11 - 6）。今天，我们知道这个天体是旋涡星系。

所谓旋涡星系，是数量最多、外形最美丽的一种星系。它的形状很像长江中的漩涡，从正面看，呈旋涡形状；从侧面看，呈梭状。如仙女座星云、三角座星云等就属于这种类型的星系。

图 11 - 6　罗斯爵士于 1845 年建成的重达 40 吨的反射千里镜（左）和仙女座星云（右）
（图片来源：右，NASA）

7. 大口径望远镜的制造进入高潮（1845 年）

随着人类宇宙探索的发展，仅仅提高望远镜放大倍数已经满足不了需求，于是科学家开始把目光转向扩大望远镜镜头孔径。

19 世纪末，随着制造技术的提高，制造较大口径的折射望远镜成为可能，随之就出现了制造大口径折射望远镜的高潮。光学大师克拉克和他的儿子成立公司，发展成为世界上最大的折射望远镜生产基地，制造出口径为 1.02 米的耶基斯折射望远镜，于 1895 年安装在美国威斯康星州的耶基斯天文台，这也是当时世界上最大的天文台（图 11 - 7）。

图 11 - 7　耶基斯可伸缩的望远镜

8. 发现海王星（1846 年）

1846 年，德国天文学家约翰·伽勒，发现了第八颗行星——海王星。此前法国天文学家奥本·勒维耶和英国天文学家约翰·亚当斯对此进行了数学预测（图 11 –8）。

伽利略在 1612 年发现了海王星，但因为观测的位置在夜空中都靠近木星（在合的位置），所以他认为海王星是一颗恒星。

图 11 –8　发现海王星的三位科学家（亚当斯、勒维耶、伽勒）

9. 世界上第一位女天文学家（1847 年）

玛丽亚·米切尔是美国瓦萨学院第一位女天文学教授（图 11 –9），她利用业余时间研究天文学，于 1847 年发现一颗新彗星，受到美国人民的爱戴，成为世界上第一位发现新彗星的女科学家。丹麦国王曾授予她金质奖章。在她死后，人们为了纪念她，把其塑像陈列在美国名人纪念馆。

图 11 –9　世界上第一位女天文学家玛丽亚·米切尔

10. 第一张太阳系之外的恒星照片（1850 年）

兴趣是最好的老师，很多科学发现都源于兴趣。类似地，人类太空探索活动大多是个人兴趣所致，给星系和宇宙拍照逐渐派生出了今天的"天文摄影"领域。

威廉·邦德因为 17 岁时观赏了日全食，便对天文学产生浓厚的兴趣，还在自己家中建立了一个屋顶可以开合的小型天文台（图 11 - 10）。1839 年，哈佛大学提议将邦德的私人天文台并入大学，称为哈佛大学天文台，邦德担任首任台长。1850 年，邦德父子使用银版照相法拍摄了织女星的照片（获得恒星照片需要 100 秒的曝光时间），这是人类拍摄的第一张太阳系以外的恒星的照片。

图 11 - 10　威廉·邦德（左）和 19 世纪的哈佛大学天文台（右）

11. 证明地球自转（1851 年）

法国物理学家莱昂·傅科，他最著名的发明是显示地球自转的傅科摆（图 11 - 11）。1851 年，他在法国巴黎先贤祠悬挂了一枚很长的钟摆，藉以显示地球的自转，此举吸引了许多观众，这是人类首次模拟地球的自转。除此之外他还曾经测量光速，发现了涡电流。他虽然没有发明陀螺仪，但是这个名称是他起的。在月球上有一座以他名字命名的撞击坑。

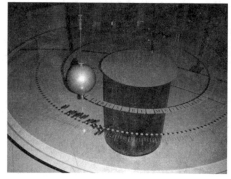

图 11 - 11　法国物理学家莱昂·傅科（左）和巴黎先贤祠悬挂的傅科摆（右）

12. 第一张彗星照片（1858 年）

多纳蒂彗星是一颗非常明亮的长周期彗星，它是意大利天文学家乔凡尼·多纳蒂于 1858 年 6 月 2 日在意大利佛罗伦萨所发现的彗星（图 11 - 12）。当时，英国商业摄影师威廉·厄舍伍德使用普通相机拍摄了这颗彗星的照片，成为人类拍摄彗星照片的第一人。

图 11 - 12　多纳蒂彗星的照片

13. 用肉眼发现的大彗星（1861 年）

澳大利亚牧羊农民、业余天文学家约翰·泰布特（John Tebbutt），在 27 岁生日前夕，于 1861 年 5 月 13 日用肉眼发现了大彗星（C/1861 J1）（在购买复杂的望远镜设备和建造天文台之前），并准确预测了可见的尾巴将穿过地球（图 11 - 13）。当时彗星的亮度约为 4 等，距离彗星通过近日点大约还有 1 个月。这颗彗星能够用肉眼观测的时间大约有 3 个月，预计这颗大彗星下一次回归将会在 23 世纪。这一发现致使约翰·泰布特于 1864 年建造了世界上第一座气象观测台。

图 11 - 13   1861 年大彗星

14. 人类看到的第一颗白矮星（1862 年）

天狼伴星（天狼星 β）是人类发现的第一颗白矮星。它体积很小，但密度特别大，比水的密度大三万倍。大小与地球相似，但其质量约为太阳的一半。1862 年，美国望远镜制造商阿尔文·克拉克和他的儿子阿尔文·格雷厄姆·克拉克发现了这颗白矮星（图 11 - 14），但直到 1915 年才确定它的"白矮星"身份。

图 11 - 14   最先看到白矮星的克拉克（中）和他的儿子格雷厄姆（右）

天狼星位于大犬座，是一个由两颗恒星组成的双星系统，一颗是天狼星 α，另外一颗则是天狼伴星，即天狼星 β。这两颗恒星距离地球约 8.6 光年，环绕它们之间引力中心旋转一周的时间为 50 年。由于天狼星 α 的亮度是天狼星 β 的一万倍之多，因此，人眼通常能看到的只是天狼星 α，天狼星 α 的高亮度也影响了科学家们对天狼星 β 进行精确观测。

15. 分析恒星光谱第一人（1862 年）

英国业余天文学家威廉·哈金斯爵士（图 11 - 15），也是光谱学的先驱。他建造了一座私人天文台，并进行各种不同天体光谱的发射线和吸收线的观察。他是第一个对恒星进行了光谱分析的人，确定了恒星是由地球上所发现的相同元素组成，这种发现至今仍在用于测定恒星的组成和内部活动。他也是第一个能用光谱特征区分星云和星系之间差异的人，例如，他发现猎户座大星云具有气体特征的发射谱线，仙女座星系的谱线特征如同恒星。

图 11 - 15　英国天文学家威廉·哈金斯爵士

16. 发现狮子座爆发流星雨周期第一人（1864 年）

休伯特·安森·牛顿（图 11 - 16）是美国天文学家和数学家，因其对流星的研究而闻名。他发表了一个研究项目的结果，在该项目中他发现 902 年至 1833 年，有 13 次狮子座流星雨的记录。他总结出狮子座爆发流星雨的周期是 33.25 年，并预测 1866 年会有一场盛大的狮子座流星雨爆发。

图 11 - 16 美国天文学家休伯特·安森·牛顿

17. 科幻小说《从地球到月球》出版（1865 年）

法国小说作家和科幻小说先驱儒勒·凡尔纳，出版了科幻作品《从地球到月球》（图 11 - 17）。在科幻故事中，一艘载有三名宇航员的宇宙飞船，被一门巨大的大炮发射到月球上。

凡尔纳一生创作了大量优秀的文学作品，其代表作有《格兰特船长的儿女》《海底两万里》《神秘岛》《气球上的五星期》《地心游记》等。他的作品对科幻文学流派有着重要的影响，因此凡尔纳被称作"科幻小说之父"。

图 11 - 17 法国科幻小说家儒勒·凡尔纳和他的小说《从地球到月球》

18. 发现恒星分类方法（1866 年）

意大利天文学家安吉洛·西奇是第一个根据恒星光谱中暗线的数量和强度对恒星进行分类的人（图11 - 18）。他从 1863 年开始收集恒星光谱，累积了大约 4000 颗恒星图谱。经过分析，安吉洛·西奇发现暗线的强度和数量随恒星的温度变化而变化，并将它们分成五种，也称"五种西奇分类"。

恒星的光谱分类在今天也是一种常用的做法，不过西奇的方法已经得到了极大的扩展。

图 11 – 18　意大利天文学家安吉洛·西奇

19. 狮子座流星雨爆发（1866 年）

1866 年 11 月 13 日晚，狮子座流星雨正如预测的一样，准时出现（图 11 – 19）。欧洲观察者记录的情况是每小时看到 5 000 颗流星。科学家利用那年观测的狮子座流星雨的结果，计算出流星体的轨道要素。

图 11 – 19　1866 年狮子座流星雨

20. 发现太阳中的一个未知元素（1868 年）

太阳在人们心目中一直是神圣的，人们甚至把它比喻成救世主。随着科学发展，科学家开始从科学角度审视太阳，并通过太阳光谱、金星凌日、月食和日食等现象研究太阳的活动规律。

1868 年，英国天文学家约诺曼·洛克耶（图 11 – 20）发现太阳的光谱中有一条未知的黄色谱线，他还提出这条谱线来自太阳上的一种尚未在地球上发现的金属元素。后来他把这一元素命名为"氦（helium）"，"氦"来自希腊语"helios"，意为"太阳"。

图 11 – 20　英国天文学家约诺曼·洛克耶

21. 第一张恒星光谱照片（1872 年）

美国物理学家兼业余天文学家亨利·德雷伯是天体摄影的先驱之一，他年轻时访问了欧洲，回国后在家里建立了美国第一座专门用于天体摄影的天文台，并自制反射望远镜。1872 年 8 月，他拍摄了织女星光谱，这是人类拍摄的第一张恒星光谱照片（图 11 – 21），这张照片开创了光谱学的新纪元。

德雷伯死后，他的妻子安娜设立了亨利·德雷伯奖章（图 11 – 22），以表彰在探索天文物理学方面的特殊成就。目前，获奖者由美国国家科学院选出，德雷伯奖是天体物理学中令人垂涎的奖项之一。

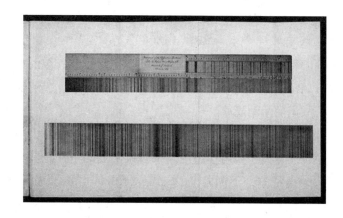

图 11 – 21　完整的太阳光谱照片（德雷伯于 1872 年拍摄）

图 11 – 22　物理学家亨利·德雷伯（左）和
由美国国家科学院颁发的德雷伯奖章（右）

22. 第一次将金星凌日记录在电影胶片上（1874 年）

1874 年，金星凌日得到了欧美各国的重视，天文学家们前往世界各地观察金星凌日的过程。因为日本可以观测到金星凌日全程，法国、美国以及墨西哥都向日本派出了观测队。在观测过程中，他们也用到了摄影技术，但大部分观测队没有拍摄到理想效果的照片。美国拍到了几张非常清晰的金星凌日照片，但较为关键的照片还是不理想，因此没有太大的价值。

法国天文学家皮埃尔·让森于 1874 年 12 月 9 日在日本使用他的旋转摄影器，为金星凌日拍摄了 47 张序列照片，制作出了电影《金星凌日》（图 11 – 23），这是人类第一次将金星凌日记录在电影胶片上。

图 11 - 23　互联网电影数据库收录的 1874 年录制的电影《金星凌日》

23. 最早试图计算太阳自转周期的人（1876 年）

查尔斯·奥古斯塔斯·杨（图 11 - 24）是美国重要的太阳光谱学天文学家之一，他观察了日食，并研究了太阳光谱。他于 1872 年 8 月 3 日用光谱仪观察了太阳耀斑，并注意到它与地球上的磁暴相吻合。

他也是最早尝试确定太阳的精确旋转周期的人。天文学家们计算出太阳不同于固体星球的旋转，太阳表面表现出不同的旋转：赤道附近自转周期大约为 25 天，太阳两极自转周期大约为 35 天。

图 11 - 24　美国天文学家查尔斯·奥古斯塔斯·杨

24. 最早绘制火星地图的人（1877 年）

意大利天文学家及科学史家乔凡尼·斯基亚帕雷利，因为对火星的研究而闻名于世。他观察火星上的线性标记，综合了当时观测火星的各种结论，绘制了火星地图（图11-25）。1877年的火星大冲，夏帕雷利观察到了一种"canali"特征。"canali"为意大利语，意思是"水道"。但是在翻译成英语时被误翻译为"Canals（人造运河）"，因而促使许多人认为火星上有智能生物建造的人工运河。

图11-25 乔凡尼·斯基亚帕雷利（左）和他于1888年绘制的火星地图（右）

25. 发现"火卫一"和"火卫二"（1877年）

美国天文学家阿萨夫·霍尔（图11-26），在华盛顿的美国海军天文台工作。1877年，他使用天文台中新建成不久的66厘米口径折射望远镜（当时是世界上口径最大的折射望远镜）发现了火星的两颗卫星："火卫一""火卫二"。后来，这两颗卫星分别用希腊神话中"战神"的两个儿子的名字命名，即"福波斯"（Phobos）和"德莫斯"（Deimos）。

图11-26 美国天文学家阿萨夫·霍尔

26. 九月大彗星（1882 年）

在 1882 年 9 月的天空中，世界上许多人独立地用裸眼发现了一颗大彗星（图 11－27）。在 9 月 30 日，一些观测者发现彗核拉长，并分裂成 2 个明亮的天体。10 月 17 日，已经可以清楚地观察到彗星至少分裂成 5 个部分。

德国天文学家海因里希·克鲁兹在研究后，提出"每一颗彗星都是一颗更大彗星的一部分"的概念，因为它先前通过近日点时分裂了。1882 年这颗九月大彗星的彗核分裂也支持这个推论。

图 11－27　1882 年的大彗星

27. 计算地球到太阳的距离（1882 年）

1882 年，19 世纪第二次出现金星凌日现象时（图 11－28），美国海军天文台派出的 8 个考察队总共拍摄了近 1400 张照片。与之前的三次金星凌日一样，天文学家们仔细地计算了这一事件的时间。但这次观测金星凌日的目标是利用这些观测数据，计算地球与太阳之间的距离。

由于金星大气层边缘模糊，阻碍了他们确定金星在太阳圆盘上进入和离开太阳的精确时刻，虽然他们当时推算出来的地球与太阳距离接近真实的距离，但仍有很大的误差。

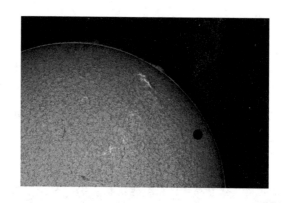

图 11 - 28　金星凌日

（图片来源：NASA）

28. 世界博物馆收藏的最大陨石（1894 年）

美国探险家罗伯特·佩里在格陵兰岛发现了一块 34 吨重的阿尼吉托（Ahnighito）陨石（图 11 - 29）。佩里将其运往美国纽约，并以 4 万美元的价格将这块陨石卖给美国自然历史博物馆。现在美国自然历史博物馆展出，这是目前世界上所有博物馆中收藏和展出的最大陨石。

"Ahnighito"是因纽特语"帐篷类型"的意思，因纽特人是美洲原住民之一，分布于北极圈周围。

图 11 - 29　罗伯特·佩里搬运阿尼吉托陨石

29. 正式确定本初子午线（1884 年）

1884 年在美国华盛顿举行的国际会议上，正式定义英国伦敦格林尼治天文台原址的那条经线为 0°经线（图 11–30），也叫本初子午线。

在地球仪上，连接南北两极的线称为"经线"或"子午线"。经线指示南北方向，所有的经线长度相等，经线标注的度数就是经度。理论上任何一条经线都可以被定为本初子午线。但在 1884 年之前，超过三分之二的国际船只都使用英国伦敦格林尼治天文台原址的那条经线为参考子午线。

图 11–30 英国格林尼治天文台的本初子午线

30. 最先将火星"沟槽"描述成"运河"（1894 年）

美国富商出身的天文学家帕西瓦尔·罗威尔，在美国亚利桑那州的弗拉格斯塔夫建立了罗威尔天文台（图 11–31），在那里他对火星展开了深入研究。1896 年，他安装了一台 24 英寸的巨型折射望远镜，由著名的克拉克父子公司制造。

图 11–31 帕西瓦尔·罗威尔（左）和罗威尔正在天文台观察火星（右）

他最先将火星上的"沟槽"描述成"运河",并最终促使冥王星在他去世14年后被人们发现。冥王星的缩写"PL"中的"P"是罗威尔(Percival Lowell)名字的缩写,表示冥王星的发现者汤博对他的尊敬。

31. 建立火箭运动方程(1895年)

苏联科学家、现代航天学和火箭理论的奠基人康斯坦丁·齐奥尔科夫斯基(图11-32)推导出了著名的火箭运动方程式,为研究火箭和液体火箭发动机奠定了理论基础。他还提出了多级火箭的设想,以及提出了液体推进剂火箭的构思和原理图。

此外,他赞同哲学家尼古拉·费奥多罗夫提出的向外星殖民的想法,认为这能使人类永久存在下去。

图11-32 火箭之父康斯坦丁·齐奥尔科夫斯基

32. 《火星》出版(1895年)

美国天文学家帕西瓦尔·罗威尔在1895年出版了有争议的书——《火星》(图11-33),他在书中描述的关于火星上纵横交错的暗色运河的情景,成为后来许多科幻小说和电影的基础,并为人类进入太空时代以及人类航天事业的发展提供了灵感和驱动力。今天,火星"运河"被证明是他的视觉和错觉所致。

图11-33 在望远镜旁的罗威尔(左)和他的《火星》一书(右)

33. 第一架飞机诞生(1903年)

像鸟一样飞行是人类自古至今的梦想。经过几千年的努力,20世纪初,这一梦想终成现实。飞机的出现,加速了人类向太空进发的步伐。

1903 年 12 月 17 日上午，奥维尔·莱特在北卡罗莱纳州的基蒂霍克海滩驾驶自己制造的第一架飞机成功地进行了一次动力飞行试验（图 11 – 34），实现了人类史上首次重于空气的航空器持续而且受控的动力飞行，莱特兄弟被广泛誉为现代飞机的发明者。值得一提的是，这次飞行试验距离宇航员成功登月仅为 66 年。

图 11 – 34　莱特兄弟正在进行飞行试验

34. 预言第九颗星系的存在（1905 年）

1905 年，帕西瓦尔·罗威尔预言第九颗行星的存在（图 11 – 34），并开始寻找它，但至今未能找到所谓的 x 行星。

图 11 – 35　人们猜想第九颗行星的存在

（图片来源：NASA）

35. 爱因斯坦的相对论（1905 年）

阿尔伯特·爱因斯坦（图 11 - 36），德国出生的犹太裔理论物理学家，他发现经典力学与电磁场无法相互共存，因而发展出狭义相对论，提出了著名质能等价公式 $E = mc^2$。这一理论解释并证明了在高速飞行的飞机上时钟会比同样静止的时钟走得慢的事实。

图 11 - 36　理论物理学家阿尔伯特·爱因斯坦

十二、爱因斯坦发展了牛顿力学（1907—1925）

牛顿是杰出的天才，他也是幸运的天才，因为人类只有一次机会去建立世界体系。后来的爱因斯坦一直注视着牛顿，这不仅意味着人类对科学的继承，也是人类对世代相袭的叩问。破旧立新是科学发展最显著的特色，也是构造人类现代文明不可或缺的精神。

1. 拍摄火星运河（1907 年）

1907 年，美国天文学家大卫·托德将阿默斯特学院的 18 英寸折射望远镜搬到智利沙漠。由于位于智利夜空的高处，火星距离地球只有 3800 万英里，这次远征智利沙漠探险的目的是证明这颗红色星上存在运河。他们用望远镜拍摄了成千上万张不同寻常的火星照片（图 12 - 1）。

因为火星运河本身就是光学幻象，虽然 1907 年许多人相信它们是真的，但当时技术不能很好地记录这些光学幻象。

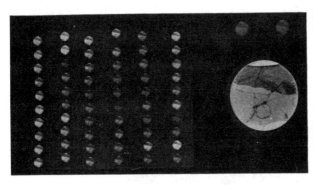

图 12 - 1 发表在 1907 年 12 月的《世纪》杂志上的图片:

伯西瓦尔·洛厄尔拍摄的火星照片(左)和远征智利沙漠携带的望远镜(右)

2. 最先描述巨星和矮星的人(1908 年)

1908 年,丹麦天文学家埃纳尔·赫茨普龙(图 12 - 2)注意到了恒星颜色和亮度之间的关系,但他的这个发现并没有引起人们的重视,直到美国天文学家亨利·罗素发表了赫茨普龙的发现之后,人们才重视起这一研究成果,因此后人把恒星光谱光度图称为"赫罗图"。

赫茨普龙是最先描述巨星和矮星的人。什么是巨星和矮星?举两个例子,红巨星和白矮星都是生命殆尽的恒星。从现在开始的数百万年后,当我们的太阳耗尽它的氢燃料时,它将进化成为一颗红巨星,然后再进化成一颗白矮星。

图 12 - 2 丹麦天文学家埃纳尔·赫茨普龙

3. 发现造父变星的周光关系(1908 年)

亨丽爱塔·斯万·勒维特是一位美国天文学家(图 12 - 3),她最著名的成就是发现了造父变星的周光关系。她生前没有人认可这一发现，在她逝世后，天文学家们才应用她的发现计算出地球与遥远恒星或星系间的距离。

造父变星是变星的一种，它的光变周期，即亮度变化一周的时间，与它的光度成正比，因此可用于测量星际和星系际的距离，因此造父变星被誉为"量天尺"。天文学家哈勃利用造父变星的周光关系，推导出了宇宙膨胀理论。

图 12 - 3　美国天文学家亨丽爱塔·斯万·勒维特

4. 通古斯事件（1908 年）

1908 年，在西伯利亚中部，靠近多石的通古斯卡河的一个偏远地区，大气中的一次巨大爆炸将森林夷为平地（图 12 - 4）。

图 12 - 4　1929 年拍摄的通古斯森林烧焦的遗迹

事件发生一百多年后，只有零星的线索留存下来，因为新树木已经重新在受灾地区生长。地面上，只能找到几根被爆炸炸死的树桩，大多数已经腐烂或埋在沼泽里。科学家猜测，它最有可能是由一块高速旋转的陨石碎片造成的，碎片在空中高速蒸发，将一股过热的空气吹到地球表面。

类似1908年的通古斯大爆炸的行星撞击地球事件，平均百年一次，所以各个航天大国都在研究如何拦截撞击地球的天体，以保护地球的生命。

5. 莫豪斯彗星（1908年）

莫豪斯彗星是美国天文学家丹尼尔·莫豪斯于1908年9月1日首度发现的一颗明亮的非周期彗星（图12-5），肉眼可见，出现在北部天空半年之久。

莫豪斯彗星最大的特点是等离子体彗尾变化多端，在短短的几十天内就呈现出种种不同的形状，有时看似分成六个单独的尾巴，并且与彗星的头部完全分离。更不寻常的是在距离太阳2个天文单位时就出现背向太阳的彗尾，一般彗星要接近至1.5个天文单位时才会出现。

另外，莫豪斯彗星是来自奥尔特云的新鲜彗星，它的轨道或多或少是接近抛物线的形式，即使它的轨道是封闭的，也需要数百万年才能再返回。

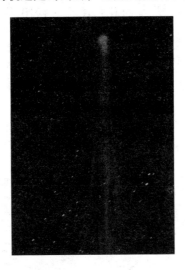

图 12-5 莫豪斯彗星

6. 最早发现太阳磁场的人（1908年）

美国天文学家乔治·埃勒里·海尔（图12-6）发明了太阳单色光照相仪，并且透过该仪器发现了太阳表面的涡流。1908年，他把从黑子光谱中观测到的谱线分裂与实验室条件下的磁场中的谱线分裂进行比较，证实了太阳黑子中存在强磁场,这是人类第一次发现地球之外有磁场。此外,他还发现太阳活动的每一次循环时的黑子极性变化,并从中总结出极性运动的规律。

图12-6　美国天文学家乔治·埃勒里·海尔

7. 马克·吐温与哈雷彗星的神秘关系 (1910年)

美国作家马克·吐温(图12-7)出生于1835年,当时正好哈雷彗星访问地球。哈雷彗星再次访问地球之前,马克·吐温写道:"我在1835年与哈雷彗星同来,明年(1910年)它将复至,我希望与它同去。如果不能与哈雷彗星一同离去,那将成为我一生中最大的遗憾。"

1910年4月21日,哈雷彗星到达距地球近地点的第二天,马克·吐温心脏病发作而逝。

图12-7　美国作家马克·吐温

8. 恐怖的哈雷彗星（1910 年）

1910 年，哈雷彗星在夜空中成为一个壮观的天体，因为哈雷彗星确实距离地球非常近，人们可以广泛观察到。5 月 19 日，哈雷彗星的尾巴开始扫过地球，因为它的尾巴异乎寻常地接近地球，长达 4800 万千米的尾部在地球运行轨道上停留了 6 个小时（图 12 – 8）。有些人非常紧张，担心彗星的尾巴会释放宇宙毒气，所以赶紧关上自己家里的门窗。事实上，恐惧是没有根据的，因为彗星的尾巴几乎是一种纯粹的水蒸汽，不构成任何威胁。

图 12 – 8   1910 年哈雷彗星回归

9. 比哈雷彗星更明亮的一月大彗星（1910 年）

1910 白昼大彗星，也称为一月大彗星（图 12 – 9），是一颗于 1910 年 1 月可见的大彗星。根据记载，这颗彗星最高视星等可能超越了金星，南非的钻石矿商是第一个看到一月大彗星的人。哈雷彗星于同年五月回归，但明亮的一月大彗星显然抢走不少哈雷彗星的风采。1986 年哈雷彗星再度回归，据许多长者叙述，相比之下，一月大彗星更加明亮。

图 12 – 9   1910 年出现的
"一月大彗星"

10. 发现宇宙射线（1912 年）

1912 年，一位名为维克多·赫斯（Victor Hess）的德国科学家，亲自携带仪器登上热气球（图 12 – 10），当气球上升到 5334 米的高空，他发现仪器上的电流读数会随着气球上升而增大，所以他认定电流应该是由来自地球以外的一种穿透性极强的射线所产生，后来人们就将这种射线称为宇宙射线，而维克多·赫斯也因为发现宇宙射线，于1936年获得诺贝尔物理学奖。

宇宙射线是一种来自外太空的高能亚原子粒子，大部分是质子：85%是氢原子核，12%是α粒子，以及小量电子及重原子核等。这些射线会以接近光的速度射向四方八面，一部分抵达地球。

宇宙射线的研究已逐渐成为天体物理学研究的一个重要领域，宇宙射线研究的主要推动力是科学家渴望了解大自然为什么在这些天体上能产生如此超常能量的粒子。许多科学家试图解开宇宙射线来源之谜，可是从发现到现在一百多年过去了，也没有人知道宇宙射线的来源。

图 12 - 10　德国科学家维克多·赫斯携带仪器登上热气球

11. 广义相对论（1915 年）

1915 年，阿尔伯特·爱因斯坦宣布了他的广义相对论（图 12 - 11）。在本质上，所有的物理学问题都涉及采用哪个时空观的问题。他的理论认为，物质弯曲空间，导致我们把物体运动归结为重力作用的运动。

就相对论而言，狭义相对论的背景时空是平直的，其曲率张量为零；而广义相对论的背景时空则是弯曲的，其曲率张量不为零。

图 12 - 11　阿尔伯特·爱因斯坦

12. 完善恒星光谱分类表（1915—1924 年）

美国天文学家安妮·坎农，以恒星的颜色为依据，根据恒星的表面温度从高到低的顺序，在爱德华·皮克林等人早期建立的光谱分类法的基础上，进一步完善、发展成为一种广泛使用的哈佛分类法。

1915 年至 1924 年，安妮·坎农从事哈佛大学天文台的恒星光谱分类的工作，对 20 多万颗恒星的光谱进行分类，编纂《亨利·德雷伯星表》。1925 年至 1936 年，她和同事们又继续对 10 多万颗恒星进行分类，编成了《亨利·德雷伯扩充星表》。

为了纪念美国天文学家安妮·坎农（图 12 - 12），美国天文学会设立安妮·坎农天文奖，这是至今唯一专门授予女性天文学家的奖项。

图 12 - 12　美国天文学家安妮·坎农

13. 发现比邻星（1915 年）

1915 年，苏格兰天文学家罗伯特·因尼斯在南非发现了比邻星，这是离地球最近的恒星，位于太阳之外，距离太阳系 4.22 光年。

比邻星位于半人马座（图 12-13），是半人马座 α 三合星的第三颗星，根据拜耳命名法也叫半人马座 α 星 C，按照恒星分类属于红矮星。

图 12-13　哈勃望远镜拍摄的比邻星照片

（图片来源：NASA）

14. 人类首次计算"黑洞"（1916 年）

爱因斯坦并没有发现黑洞的存在，但是他的相对论确实预测了黑洞的形成。卡尔·施瓦辛格（图 12-14）是第一个使用爱因斯坦的方程式来证明黑洞确实可以形成的人。

图 12-14　德国天文学家卡尔·施瓦辛格

1916 年，德国天文学家卡尔·施瓦辛格通过计算得到了爱因斯坦引力场方程的一个严格"解"。通过这个"解"就可以推出：如果将大量物质集中于空间一点，其周围会产生奇异的现象，即在质点周围存在一个界面——"视界"，一旦进入这个界面，即使光也无法逃脱。这种"不可思议的天体"就是我们今天所说的黑洞。

15. 功劳卓著的胡克反射望远镜（1917 年）

1917 年，图 12 - 15 所示的这款 2.54 米口径的胡克反射望远镜开始在加利福尼亚的威尔逊山上运行，它在未来的 31 年里，一直保持世界上最大光学望远镜的地位。

埃德温·哈勃曾经使用这架望远镜完成了他的关键观测和计算，确定了许多所谓的星云属于银河系外的星系。在这台望远镜的帮助下，他发现红移现象，提出了宇宙膨胀的理论。

图 12 - 15　在威尔逊山上的胡克反射望远镜

16. 发现旋涡星系正在远离我们（1917 年）

美国天文学家维斯托·斯莱弗发现他研究中的大多数旋涡星系正在远离我们，这就暗示着宇宙正在膨胀。这些旋涡星系后来被确定为遥远的星系。

旋涡星系的中心有一个形如煎饼的核，也称为星系核心。从星系核心部分向外，伸出几条（至少两条以上）明亮光带，也称为旋臂，旋臂类似我们经常看到的大风车的叶片。这些旋臂围绕着星系核心缠卷在一起，形成了一种旋涡形状，天文学家称这种形状的星系为旋涡星系（图 12 - 16）。

图 12 - 16 棒状"旋涡星系"

（图片来源：NASA）

17. 估出了银河系的大小以及太阳系所处的位置（1918 年）

美国天文学家哈洛·沙普利（图 12 - 17）主要从事球状星团和造父变星研究。他通过测量 93 个球状星团的距离，并假设它们均匀地分布在我们星系的核心周围，提出了银河系的中心不是太阳系，太阳系其实处在银河系的边缘。

他利用天琴座 RR 变星正确地估出了银河系的大小，并指出太阳系位于银河系中心黑洞到银河系边缘约三分之二距离的地方。

图 12 - 17 美国天文学家哈洛·沙普利

18. 广义相对论的首次实验检验（1919 年）

爱因斯坦广义相对论预言的太阳引力引起的星光弯曲得以证实。1919 年 5

月29日，英国天文学家在观测日全食时使用仪器（图12-18）拍摄太阳附近的恒星，并检测其位置的变化，证实了由于太阳引力引起的星光弯曲的事实。

图12-18 1919年，英国天文学家观测日全食时使用的仪器

19. 发现了世界上最大和最重的陨石（1920年）

1920年，在非洲西北部纳米比亚的小城赫鲁特方丹的霍巴农场里，一个在田间耕作的农夫发现了一块大陨石。与其他陨石一样，这块陨石也是以发现地命名，所以就叫霍巴陨石。

霍巴陨石的表面积超过6.5平方米，厚度在0.75米和1.22米之间，重约66吨，也是目前为止坠落于地球的最重的陨石（图12-19）。

图12-19 来自太空的最大的石头

（图片来源：NASA）

20. 德国业余火箭热潮（1923年）

20世纪20年代，德国兴起了一场民间研究火箭的热潮。1923年，赫尔曼

·奥伯特（图 12 - 20）出版了被后人称为"宇宙旅行经典著作"的《飞向行星际空间的火箭》，书中提出空间火箭点火的理论公式，以及用数学阐明火箭如何获得脱离地球引力的速度。

图 12 - 20　"德国航天之父"赫尔曼·奥伯特

21. 搜索火星发来的无线电信号（1924 年）

火星生命经常出现在大众娱乐中，如小说《世界大战》描述了外星人因为火星逐渐干燥而侵略地球的故事。由于火星与地球自然环境相似，引起了研究生命起源的学者对火星的兴趣。

1924 年 8 月，火星与地球的距离比 20 世纪、或未来 80 年中任何时候都要近。美国政府和天文学家戴维·托德（图 12 - 21）声称已经探测到来自火星的无线电信号，要求电台在火星相对接近地球的两天时间里展开"全国无线电静默"行动，也就是要求全国所有收音机每小时安静 5 分钟，以便天文学家能

图 12 - 21　美国军方正在等待接收火星无线电信号的报导

够收听火星的信号。美国军方对探测火星信号尤其感兴趣，但在这 2 天的时间里，美国没有收到来自火星文明发出的任何信号。

22. 世界上第一座天文馆在德国慕尼黑建成启用（1925 年）

1925 年 5 月 10 日，由蔡司公司创建的世界上第一座天文馆在德国慕尼黑建成启用（图 12 - 22）。这个天文馆是德意志博物馆的一部分。德意志博物馆是

欧洲规模庞大、世界范围内建成较早的科技博物馆之一。馆内有 50 个科学技术领域的大约 28 000 件展品，每年吸引大约 150 万游客。顶层的天文馆是世界最早的天文馆，也是世界上第一个投影天文馆，所用的投影仪是当时技术的杰作，可显示南北半球星座、银河和星云。馆内详细介绍了以地心说为代表的古希腊天文学到哥白尼、伽利略时代的以日心说为代表的新天文学的发展过程。馆内安放有孔径为 30 厘米、焦距 5 米的蔡司望远镜。

图 12 – 22　位于德国慕尼黑的世界第一座天文馆

23. 制造黑洞

当你在一个足够小的空间里得到足够的质量（其他形式的能量），你就会变得越来越难以从它的引力作用下逃离。但是，人类很幸运，地球空间没那么糟，人类的航天活动已经证明，你只需要以 7.9 千米/秒的速度飞行，就可以逃离地球的引力（图 12 – 23）。

图 12 – 23　火箭征服地球引力

（图片来源：NASA）

现在，假如你可以不断地增加地球的质量，那就需要越来越大的速度才能逃脱地球的引力。假设可以无限增加地球的质量，飞行速度是否也可以无限增加呢？按照爱因斯坦的理论，人类不可能制造出比光速还快的物体，所以，飞行速度的增加是有极限的。

由此可见，当地球质量不断增加，以至于即使达到了光速，人类也无法逃离它时，就制造出了一个黑洞。所以，黑洞就是一个有引力的物体，它不发光，任何物体都会被它吸收进去，也就是说任何物体都逃不掉（图 12 – 24）。

图 12 – 24　类星体的核心都有一个黑洞

（图片来源：NASA）

24. 如果黑洞是入口，那么白洞就是出口

黑洞可以吃掉任何物体，相当于入口。但黑洞的另一端则不同，它被称为黑洞的"反向"端口，相当于出口，它什么物体都不吸，并且任何物体都可以逃离，因此它被称为白色的黑洞，也叫白洞（图 12 – 25）。

图 12 – 25　按照爱因斯坦相对论的理论推断：白洞就是黑洞的"反向"

（图片来源：NASA）

目前，人类还没有观测到白洞的存在，但按照爱因斯坦相对论推测白洞的存在是可能的。有一个有趣的事情，如果在空间的一个区域有一个黑洞，原则上，它的另一端就应该连接到一个白色的黑洞，两者之间的联系被称为爱因斯坦–罗森桥（图12–26），或者更通俗地说就是虫洞。

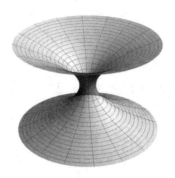

图 12–26　爱因斯坦–罗森桥（也称虫洞）

（图片来源：NASA）

25. 黑洞和宇宙

科学家长期以来一直在推测，当物质坠入黑洞时，它会通过白洞出来，而出现在另一个地方，宇宙的一些新物质或许来自白洞。目前，人类还没有能力进行测试，但这是一个值得思考和探索的问题，所以有些科学家仍然在假设"人类是否生活在虫洞的脖子上"。

还有一些科学家则提出了一种非常有趣的可能性：宇宙可能是一个黑洞的内部，而且每个黑洞都可能在它内部拥有自己的微型宇宙（图12–27）。

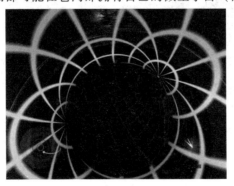

图 12–27　黑洞内部的微型宇宙

（图片来源：NASA）

十三、探索银河系（1926—1952）

如果说地球的家是太阳系，那么银河系就是太阳系之家居住的巨大恒星岛。人类对这座"岛"的认识，首先还是从认识恒星开始，逐渐把恒星和银河连在一起进入宏观构想。

26. 人类历史上第一枚液体燃料火箭成功发射（1926 年）

火箭的发展有着漫长的历史，古今火箭在性能和结构复杂程度上相差极为悬殊，但原理是相同的，就是依靠不断向后喷射燃气而前进。世界上公认火箭是中国发明的，但现代火箭实践的奠基人则是美国人。

美国教授、物理学家和发明家罗伯特·戈达德（图 13 - 1）经过 20 年的潜心钻研，1925 年设计并试射了世界上第一枚用软体化学燃料作动力的火箭。1926 年他又在马萨诸塞州奥本姑妈的农场里，成功地发射了历史上第一枚液体燃料火箭。这枚火箭的燃料是液氧和汽油，整个飞行过程 2.5 秒，飞行高度为12.5 米，飞行距离为 56 米。

戈达德的试验证明火箭可以飞出地球大气层飞向太空，许多历史学家认为这次火箭发射与怀特兄弟的飞机首次飞行一样重要。

图 13 - 1　美国航天之父罗伯特·戈达德（左）和他在待发射火箭的现场（右）

（图片来源：NASA）

27. 最早提出宇宙大爆炸理论的人（1927 年）

1927 年，比利时天文学家、天主教神父乔治·勒梅特（图 13 - 2）提出了宇宙大爆炸的思想，"大爆炸"一词直到 1949 年才被创造出来，他本人将其称作"原生原子假说"。他的这一假说框架是基于爱因斯坦的广义相对论，并在场方程的求解方面做了一些简化。

图 13 - 2　比利时天文学家、天主教神父乔治·勒梅特

28. 有尾巴的恒星（1927 年）

斯基勒鲁普 - 马里斯塔尼彗星（图 13 - 3）是 1927 年最亮的彗星。它于 1927 年 11 月 28 日被澳洲的业余天文学家约翰·斯基勒鲁普和 12 月 6 日被阿根廷的埃德蒙督·马里斯塔尼分别独自发现。这颗彗星的外观呈现黄色，黄色是由钠原子发射出来的。斯基勒鲁普描述它为"有尾巴的恒星"，并认为是一个不祥的预兆。

这颗彗星在太阳附近，白天和傍晚可见。但在夜间出现时，它很快就消失了。

图 13 - 3　斯基勒鲁普 - 马里斯塔尼彗星

29. 最早发现银河系的形状和中心的人（1927 年）

1927 年，荷兰天文学家简·奥尔特（图 13 - 4）证实了银河系是个旋涡星系，而且各旋臂越缠越紧。他还证明了银河系是旋转的，并且发现了银河系中心位于人马座的方向上，其气体云向外移动。

此外，他还证明太阳确实不在银河系中心，恒星围绕银心旋转就像行星围绕太阳一样，并且距银心近的恒星运动得快，距离远的运动得慢。他还算出太阳系绕银心的公转速度为每秒 220 千米，绕银心一周需要 2.5 亿年。

图 13 - 4　荷兰天文学家简·奥尔特

30. 创立哈勃定律（1929 年）

1929 年，埃德温·哈勃（图 13 - 5）与美国天文学家米尔顿·赫马森一道，创立了哈勃定律。哈勃定律指出，从遥远星系发出的光测量到的红移与它们之间的距离成正比。简单地说就是：距离我们越远的星系，逃离我们的速度越快，星系的逃离速度跟星系距离我们的距离成正比。这个重要的理论引出了膨胀宇宙的概念。

埃德温·哈勃暗示存在一个叫做大爆炸的时刻，当时宇宙处于一个密度无限的奇点。听闻此事的爱因斯坦很快来到哈勃工作的威尔逊天文台，在哈勃的带领下亲自进行了红移现象的观测。访问结束后，爱因斯坦公开承认自己主观意识导致科学结论的错误，并去掉了场方程中的宇宙常数，于是就有了我们今天所熟知的爱因斯坦场方程。

图 13 - 5 哈勃使用当时世界上最先进的望远镜发现遥远星系

31. 发现冥王星（1930 年）

1930 年，业余天文学家克莱德·汤博（图 13 - 6）从亚利桑那州洛厄尔天文台拍摄的照片里，发现太阳系的第九颗行星。根据一个来自英国的 11 岁女孩的建议，这颗行星被命名为"冥王星（Pluto）"，是罗马神话中冥王的名字。另一个被考虑但后来被拒绝的名字是密涅瓦（Minerva），是罗马智慧女神的名字。

图 13 - 6 天文学家克莱德·汤博

32. 西半球第一个天文馆（1930 年）

1930 年，慈善家马克斯·阿德勒在芝加哥建立了阿德勒天文馆（图 13 - 7），成为西半球第一个天文馆。天文馆共有两层，包括三个完整的剧院、外太空科学展区和一个世界上最重要的古董天文仪器的收藏展示厅。

图 13 - 7　阿德勒天文馆

阿德勒天文馆是科学教育界公认的领导者，它致力于鼓舞年轻人，尤其是妇女和少数民族追求科学探索的精神。

33. 接收到银河系中心的无线电波（1931 年）

1931 年，美国工程师卡尔·央斯基（图 13 - 8）在为贝尔电话实验室调查无线电静电源时，发现了来自银河系中心的无线电波，开创了射电天文学的新领域。

射电天文学是天文学的一个分支，它以无线电接收技术为观测手段，观测的对象遍及所有天体。对于历史悠久的天文学而言，射电天文学使用的是一种崭新的手段，为天文学开拓了新的园地。

图 13 - 8　美国工程师卡尔·央斯基

34. 发现金星的温室效应（1932 年）

1932 年，美国天文学家沃尔特·亚当斯和小西奥多·邓纳姆使用分光镜探测金星大气中的二氧化碳。在金星大气中（图 13 -9），二氧化碳占 96.5%，它吸收太阳的热量，造成金星"温室效应"，导致金星表面温度高达 482℃。

图 13 -9　大气层覆盖的金星

（图片来源：NASA）

35. 狮子座流星雨没有出现（1933 年）

1933 年，预期狮子座流星雨的高峰将会出现，但没有出现。天文学家认为可能是因为来自木星和土星的引力改变了流星群的路径。

狮子座流星雨，被称为流星雨之王，是与周期大约 33 年的坦普尔·塔特尔彗星相连的一个流星雨。在每年的 11 月 14 日至 21 日左右出现。一般来说，流星的数目为每小时 10 颗至 15 颗，但平均每 33 年至 34 年狮子座流星雨会出现一次高峰期，流星数目可超过每小时数千颗（图 13 -10）。

图 13 -10　1966 年狮子座流星雨的高峰

36. 发现大质量恒星不会停留在白矮星阶段（1935 年）

1935 年，白矮星理论的先驱钱德拉塞卡（图 13 – 11）提出："一颗大质量的恒星不会停留在白矮星阶段，我们应该考虑其他的可能性。"当时的他几乎已说出了黑洞的概念："恒星会持续塌缩，这颗星的体积会越变越小，密度越来越大。"

图 13 – 11　矮星理论的先驱钱德拉塞卡

37. 发现和解释了恒星如何发光的问题（1938 年）

德国和美国犹太裔核物理学家汉斯·贝特（图 13 – 12），于 1938 年解释了为什么恒星能够长时间持续向外释放大量能量。他宣布，在恒星内部，氢被融合成氦这个过程会释放出巨大的能量核聚变，使恒星闪耀数十亿年。

图 13 – 12　物理学家汉斯·贝特

38. 第一部火星广播剧问世（1938 年）

火星有人居住的观点在科幻小说中非常流行。1938 年 10 月 30 日，奥逊·

威尔斯根据赫伯特·乔治·威尔斯的原作演出了广播剧《宇宙的战争》（*War of the Worlds*），并用新闻节目的风格播出，它让一些听众相信火星入侵者正在接管地球（图 13–13）。

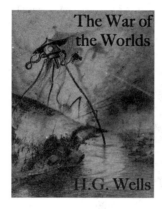

图 13–13　《宇宙的战争》（*War of the Worlds*）封面（左）和奥逊·威尔斯在 CBS 广播（右）

39. 提出恒星坍塌会形成小体积和大质量的物质（1939 年）

1939 年，美国理论物理学家罗伯特·奥本海默（图 13–14）和他的研究生哈特兰·斯奈德提出大质量恒星坍缩会形成一种小体积和大质量的物质。实际上，他指出的物质就是后来天文学家定义的"黑洞"。

每个星系中几乎都存在黑洞，银河系中央也存在质量接近太阳质量 400 万倍的黑洞，但是人类发现黑洞存在的事实则是在 20 世纪中叶。

图 13–14　美国理论物理学家罗伯特·奥本海默

40. 马克苏托夫望远镜研制成功（1941 年）

马克苏托夫望远镜是以球面反射镜和负弯月型透镜的组合系统作物镜的反射式望远镜（图 13 - 15），1941 年由苏联光学家马克苏托夫首先研制。所用的透镜由球面组成，在制造上比施密特非球面透镜容易得多，而且使用方便。另外，反射镜装在镜筒内，不受周围空气的损害。

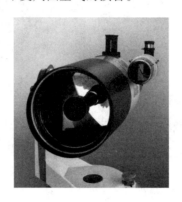

图 13 - 15　马克苏托夫望远镜

41. 大爆炸理论得到发展（1946 年）

1946 年，美国物理学家伽莫夫（图 13 - 16）正式提出大爆炸理论，认为宇宙由大约 140 亿年前发生的一次大爆炸形成。

大爆炸理论是现代宇宙学中最有影响的一种学说，它的主要观点是认为宇宙曾有一段从热到冷的演化史，在这个时期里，宇宙体系在不断地膨胀，使物质密度从密到稀地演化，如同一次规模巨大的爆炸。

图 13 - 16　美国物理学家乔治·伽莫夫

42. 第一批进入太空的生命（1947 年 2 月）

1947 年 2 月 20 日，美国用从德国纳粹缴获的 V－2 火箭，把果蝇送到 109 千米的高空（图 13－17）。果蝇在很多方面的特征与人类相去甚远，并且果蝇繁殖快，食量小，生命周期短，DNA 变异快，因此是研究太空辐射对遗传和免疫影响的良好范本。

图 13－17　太空的果蝇

43. 海尔望远镜建设完成（1948 年）

海尔望远镜是帕洛马山天文台最大的望远镜（图 13－18），这是一架 5.08 米的反射望远镜，于 1948 年建设完成，直到 1975 年 BAT－6 开始运作之前，它一直都是世界上最大的望远镜。然而 BAT－6 有很大的缺陷，它的分辨率没有海尔望远镜的分辨率高，直到 1993 年凯克 1 号望远镜建设完成，海尔望远镜的地位才被超越。

图 13－18　美国帕洛马山天文台的海尔望远镜

望远镜的分辨率是衡量分开的两颗很相近的双星的最高能力。望远镜的分辨率越高，越能观测到更暗、更多的天体，看到的图像也越清楚。

海尔是美国天文学家，他成功地说服华盛顿的卡内基协会并获得赞助，建造了威尔逊山天文台的望远镜。

44. 美国发射第一枚探空火箭（1950 年 7 月）

1950 年 7 月 19 日，美国第一枚"Bumper V－2"火箭（在德国的 V2 火箭上安装了一枚飞弹作为第二级，被称为"Bumper V－2"火箭）在佛罗里达州卡纳维拉尔角发射成功（图 13－19），标志着人类的太空探索翻开了新的篇章。"Bumper V－2"火箭是一枚二级火箭，末端可以抵达 400 千米高度，比航天飞机飞得更高。"Bumper V－2"火箭主要用于测试火箭系统和研究高层大气。

图 13－19　美国第一枚火箭 Bumper V－2

（图片来源：NASA）

45. 假设奥尔特云的存在（1950 年）

1950 年，荷兰天文学家简·奥尔特提出：彗星起源于距离太阳大约 1 光年的球体云团，那里布满了不活跃的彗星（图 13－20）。

目前，这个包围着太阳系的球状云被称为奥尔特云，天文学家普遍认为奥尔特云是 50 亿年前形成太阳及其行星的星云的残余物质。

46. 发现银河系是螺旋形状（1951 年）

很久很久以前，人们就认识了银河系。但是对银河系的真正认识还是从 20 世纪 50 年代初开

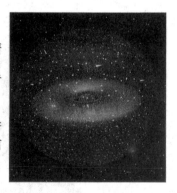

图 13－20　奥尔特云

（图片来源：NASA）

始的，尤其是哈勃望远镜的使用进入太空探索后，才取得了一些显著的成果。

1951 年，美国天文学家威廉·摩根在美国天文学会的一次会议上宣布他的研究成果："我们发现银河系的螺旋形状"（图 13-21），获得了参加会议代表的全体起立鼓掌。

图 13-21　美国天文学家威廉·摩根（左）银河系（右）

47. 发现银河系旋臂和旋涡（1952 年）

1952 年，荷兰天文学家简·奥尔特（图 13-22）在罗马举行的国际天文学联合会（IAU）上公布了他们探测到的银河系旋臂结构，以及发现银河系有 3 条旋臂的成果。1958 年至 1959 年，他们又证实了银河系的旋涡结构，还发现了正在膨胀的银河系的 3000 秒差距旋臂。

图 13-22　荷兰天文学家简·奥尔特

48. 钱学森先生归国（1955 年）

美国政府非法软禁了 5 年的中国著名科学家钱学森，冲破艰难险阻，于 1955 年 9 月 17 日乘船离开了美国，终于回到祖国（图 13 - 23）。

送别钱学森的冯·卡门说："美国把火箭技术领域最伟大的天才、最出色的专家拱手送给了红色中国！"

图 13 - 23　钱学森全家归国途中

49. 中国正式成立航天研究机构（1956 年）

1956 年 10 月 8 日，我国航天研究机构（国防部第五研究院）正式成立。聂荣臻庄严宣布：经中央军委批准，国防部第五研究院正式成立，由钱学森任院长，领导大家从事火箭、导弹的研究工作。

第五部分　航天时代

十四、太空竞赛全力展开（1957—1966）

太空竞赛是美国和苏联在冷战时期为了争夺航天实力的最高地位而展开的竞赛。第二次世界大战结束后，两国俘获大量德国火箭技术及人员，太空竞赛以导弹为主的核军备竞赛拉开了帷幕。

期间，太空竞赛取得了开拓性的成果，如向月球、金星、火星发射人造卫星、无人驾驶空间探测器，以及向近地轨道和月球发射载人飞船。

1. 人类进入航天时代的重要标志（1957年10月）

人类文明经过数千年的发展，终于在20世纪50年代实现了飞天的梦想。

"斯普特尼克1号（Sputnik）"（图14-1）是由苏联火箭专家科罗廖夫领导研制的，它是一个铝制球体，直径58厘米，重83.6千克，有4根鞭状天线，内装有科学仪器。"Sputnik"在俄语中是"旅行伴侣"的意思。

1957年10月4日，苏联在拜科努尔航天中心率先将人造卫星"斯普特尼克1号"发射升空。"斯普特尼克1号"升空后发射了三个星期信号，在轨道中度过3个多月，围绕地球转了1400多圈，最后坠入大气层消失。"斯普特尼克1号"发射成功标志着人类进入航天时代。

同年11月3日，苏联又率先把一只流浪狗"莱卡"送入太空（图14-2），"莱卡"也是第一个进入太空的地球生物。"莱卡"进入太空几小时后，因太空衣隔热不佳成为"火烧狗"。

图 14 - 1　斯普特尼克 1 号（左）和第一个进入太空的生物（右）

（图片来源：NASA）

2. 美国发射的第一颗人造卫星（1958 年 1 月）

1958 年 1 月 31 日，"探索者 1 号"被送入太空（图 14 - 2），成为美国第一颗成功发射的人造卫星。这也是对苏联发射"斯普特尼克 1 号"的快速反应，"探索者 1 号"的成功发射标志着美国太空时代的开始。

"探索者 1 号"是由美国国家航空航天局喷气推进实验室设计和制造的，这颗卫星携带了一个宇宙射线探测器，探测器的首席研究员詹姆斯·范·艾伦博士由此发现了地球的辐射带，这项发现后来被命名为范艾伦带。

图 14 - 2　美国庆祝发射第一颗卫星

（图片来源：NASA）

3. NASA 成立（1958 年 10 月 1 日）

1958 年，美国国会通过了建立美国国家航空航天局（NASA）的立法（图 14 - 3）。NASA 是负责美国太空活动的政府机构，是美国国家航空航天局为了回应苏联 1957 年 10 月 4 日发射第一颗人造卫星"斯普特尼克 1 号"而成立的。

图 14 - 3　NASA 的 Logo

（图片来源：NASA）

4. 观测到了月球的瞬变现象（1958 年）

月球瞬变现象是月球表面亮度、色泽或外观上的短暂变化。有关月球瞬变现象的说法至少可追溯至 1000 年前，一些目击者或有声望的科学家曾独立地观察到这一现象。但大多数报导的月球瞬变现象都无法再现，例如，1958 年苏联天文学家尼古拉·科济列夫观测到了月球阿方索环形山（图 14 - 4）附近有一个明显的碳蒸汽脱气现象，其真实性至今仍然存在争议。

图 14 - 4　月球阿方索环形山

（图片来源：NASA）

5. "月球2号"探测器（1959年9月）

1959年9月12日，苏联研制的"月球2号"探测器成功发射（图14-5），它沿着一条通向月球的直线前进，直到撞击月球。它是第一个到达月球表面的探测器，也是第一个与另一个天体接触的人造物体。

"月球2号"探测器除了向地球发送无线电遥测信号外，还释放一些钠气体云，以使人类可以用肉眼直接观察到。

图14-5　"月球2号"探测器

（图片来源：NASA）

6. "月球3号"探测器（1959年10月）

1959年10月4日，"月球3号"首次拍摄月球背面并将图像传回地球（图14-6）。这些图片经过增强，随后被用来绘制月球背面的月图集。而月球背面在地球上是看不见的，月球背面与月球正面有很大区别。1959年10月7日，"月球3号"在飞过月球背面时发回了29帧图像，覆盖了月球背面70%的面积。

图14-6　"月球3号"探测器

（图片来源：NASA）

7. 奥兹玛计划（1960 年）

奥兹玛计划是康奈尔大学的天文学家法兰克·德雷克于 1960 年在美国国家无线电天文台使用位于西维吉尼亚的绿堤电波望远镜（图 14 - 7）所从事的早期搜寻地外文明计划，其目的是通过无线电波搜寻邻近太阳系的生物标志信号。

这个计划用虚构的奥兹国统治者奥兹玛女王来命名，灵感则来自莱曼·弗兰克·鲍姆出版的《绿野仙踪》这本书中虚构的翡翠城。

图 14 - 7　西维吉尼亚的绿堤电波望远镜

8. 第一个进入太空的宇航员（1961 年 4 月）

人类之所以能够成为超越地球之上的物种，因为人类能够在自己的大脑中创造出现实中不存在的东西。人类最早关于进入太空的想法是一个美国的航天计划，但是真正最早进入太空的是苏联人。

1961 年 4 月 12 日，苏联研制的"东方 1 号"飞船成为世界上第一个载人进入太空的航天器。宇航员尤里·加加林驾驶着"东方 1 号"宇宙飞船（图 14 - 8）进入太空轨道飞行了 108 分钟，完成了世界上首次载人宇宙飞行任务，实现了人类进入太空的梦想。在这 108 分钟的飞行里，加加林由上尉荣升为少校。但非常不幸的是，1968 年，加加林在执行另一个任务时，飞机坠毁在莫斯科附近。

图 14 - 8　宇航员尤里·加加林

（图片来源：NASA）

9. 美国宣布登月计划（1961 年 5 月）

1961 年 5 月 25 日，美国总统约翰·肯尼迪（图 14 - 9）在向国会发表演讲时提出："……我相信这个民族能够齐聚一心全力以赴达成这个目标，即在 1970 年以前，人类将乘坐宇宙飞船登陆月球并且安全返回。没有任何一个航天项目能够超越它对人类的影响、超越它对宇宙远程空间探索的重大作用，也没有一个航天项目开发如此困难而且花费如此昂贵……"

肯尼迪发表这段演讲前一个月，美国刚刚将第一个宇航员送入太空，但没有进入地球轨道，所以这种不利局面使一些 NASA 工程师对登月计划缺乏信心。

图 14 - 9　美国总统约翰·肯尼迪在向国会宣布"登月计划"

（图片来源：NASA）

10. 第一个进入太空的美国宇航员（1961 年 5 月）

1961 年 5 月 15 日，艾伦·谢泼德成为美国第一位进入太空的宇航员（图 14-10）。他乘坐"自由 7 号"宇宙飞船遨游太空，"自由 7 号"飞了 187 千米高，又重返大气层，在大西洋上着陆，着陆点离发射点约 500 千米，整个飞行过程 15 分钟就结束了。

图 14-10　美国第一位进入太空的宇航员艾伦·谢泼德

（图片来源：NASA）

11. 第一个在太空绕飞的美国宇航员（1962 年 2 月）

1962 年 2 月 20 日，40 岁的海军陆战队中尉约翰·格伦乘坐"友谊 7 号"进入太空（图 14-11），在 4 小时 55 分 23 秒的任务中，以超过 2.8 万千米的时速绕地球三圈，行程约 13 万千米，成为第一个绕地球轨道飞行的美国人。

图 14-11　美国国家英雄宇航员格伦（年轻照片和老年照片）

（图片来源：NASA）

格伦 1964 年从美国宇航局辞职，但 1998 年重返"发现号"航天飞机，并以 77 岁高龄成为当时航天工作中最年长的人。

12. 第一颗行星探测器（1962 年 12 月）

1962 年 8 月 27 日，美国的"水手 2 号"金星探测器发射成功（图 14 - 12）。1962 年 12 月 14 日，"水手 2 号"从距金星 34 800 千米处飞过，成为第一个访问另一个行星的宇宙飞船，探测了金星的大气温度，揭开了人类探测金星的序幕，目前"水手 2 号"仍然运行于太阳轨道中。

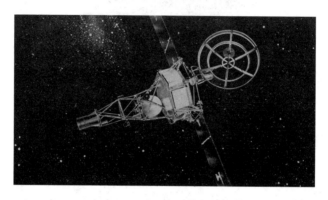

图 14 - 12　飞掠金星的"水手 2 号"

（图片来源：NASA）

13. 第一个发现类星体的天文学家（1963 年）

马丁·施密特（图 14 - 13），荷兰天文学家，发现了第一个类星体 3C 273。类星体是类似恒星的天体，也简称为"似星体"。

图 14 - 13　发现类星体的天文学家马丁·施密特

他意识到位于室女座的类星体 3C 273 是在宇宙年轻时就存在的星系的核心，并且一直在释放大量的能量。

14. 世界上最大射电望远镜（1963 年）

1963 年，世界上最大的跨度为 300 米的射电望远镜在波多黎各开始运行（图 14－14）。它建造在阿雷西博南部丘陵地带的一个天然的灰岩凹坑里。盘面由钢缆网支撑，它获得的观测信息依赖于位于圆顶中的馈送器和接收器，而不使用线路馈送。

图 14－14　世界上最大的射电望远镜

15. 进入太空的第一位女宇航员（1963 年 6 月）

1963 年 6 月 14 日，苏联女宇航员捷列什科娃驾驶着"东方 6 号"宇宙飞船绕地球飞行 48 圈，成为人类第一位进入太空的女性宇航员（图 14－15）。当她睁开双眼，第一次将目光投向舱窗外时，激动地说："我看到了！这是地球，多么美丽啊！你好，宇宙！"

图 14－15　第一个进入太空的女宇航员捷列什科娃

16. 发现宇宙微波辐射（1964 年）

1964—1965 年，贝尔实验室的射电天文学家阿诺·彭齐亚斯和罗伯特·威尔逊（图14-16），利用大型喇叭天线绘制银河系的信号时，意外地发现了宇宙微波背景辐射。这一意外发现为证明宇宙始于大爆炸提供了强有力的证据，他们因此于1978年获得了诺贝尔物理学奖。

图14-16　天文学家阿诺·彭齐亚斯（前面）和罗伯特·威尔逊（后面）

17. 人类首次拍摄到了月面特写照片（1964年）

月亮是我们已知的夜空中最为明亮的天体（星体），也是距离我们最近而且经常能看见的天然卫星。人类对此一直充满无比的好奇，所以当人类有能力进入太空时，首先要飞向的就是熟知而又陌生的月亮，探明它到底是什么，然后才是其他星体。

1964年7月，美国发射了"徘徊者7号"探测器。在撞到月球之前，成功地拍摄了4308张月面照片，照片显示了小到直径只有1米左右的撞击坑和直径0.25厘米大小的岩石，这是人类获得的第一批月面特写镜头（图14-17）。

图14-17　"徘徊者7号"探测器拍摄的月面特写照片

（图片来源：NASA）

18. 太空行走（1965 年）

1965 年，苏联宇航员阿列克谢·列昂诺夫进行了人类历史上首次太空行走。不到三个月后，美国宇航员爱德华·怀特二世进行了美国人首次太空行走（图 14-18）。

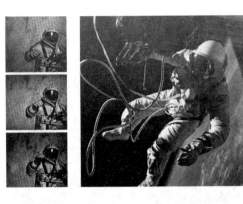

图 14-18　苏联宇航员阿列克谢·列昂诺夫出舱活动（左）

和美国宇航员爱德华·怀特二世太空行走（右）

（图片来源：NASA）

19. 拍摄第一张火星的特写照片（1965 年）

1965 年，美国的"水手 4 号"在距离火星 9846 千米高度飞掠，拍摄了火星的第一张特写照片，并通过无线电传回地球。美国的"水手 4 号"总共拍摄了22 张火星特写照片（图 14-19），覆盖了火星大约 1% 的面积。虽然从这些照片中没有发现火星表面存在运河的迹象，却证明了火星表面有大量的陨石坑。

图 14-19　"水手 4 号"拍摄的火星陨石坑

（图片来源：NASA）

20. 首次着陆月球的探测器（1966 年 1 月）

1966 年，苏联"月球 9 号"和美国"勘测者 1 号"飞船完成了首次月球软着陆（图 14 - 20）。"月球 9 号"从月球表面传回了历史上的第一批照片。

图 14 - 20　在月球表面的美国"勘探者 1 号"

（图片来源：NASA）

21. 地球人造物体首次着陆金星（1966 年 3 月）

1965 年 11 月 12 日，苏联发射了"金星 3 号"（图 14 - 21），它携带了 334 千克的着陆器。1965 年 12 月 1 日，它成功进入轨道，1965 年 3 月 1 日在金星紧急着陆，但没有传回数据，估计是在降落时撞毁，"金星 3 号"是第一个抵达行星的地球人造物体。

图 14 - 21　苏联国家展览中心空间馆展出的"金星 3 号"

（图片来源：NASA）

22. 第一颗绕月卫星的航天器（1966 年 3 月）

1966 年 3 月 31 日，苏联发射了"月球 10 号"探测器（图 14 - 22）。苏联的"月球 10 号"是第一个绕月飞行的航天器，在无线电信号中断之前，它会转 460 圈。"月球 10 号"重 254 千克，直径为 0.75 米，高 1.5 米。卫星搭载了磁力计、伽马射线频谱仪、离子收集器、红外探测器等装置。

图 14 - 22　"月球 10 号"探测器

（图片来源：NASA）

十五、一小步和一大步（1965—1979）

飞上月球，这是人类千百年来的梦想，在苏联成功发射第一颗人造卫星之后，美国和苏联就都把目光放在载人登月上了。直到 20 世纪后半叶，人类终于实现了这一伟大梦想，美国宇航员阿姆斯特朗在月球上道出了一句被后人奉为经典的话："这是我个人的一小步，却是整个人类的一大步。"

美苏太空竞赛期间，两国仅花了 10 年，就完成了离开地球轨道、飞掠月球、撞击月球、环绕月球的一系列进展。人们一度认为月球表面太过松软，任何物体落在表面都会陷进月球的土壤里去，无人着陆器的成功给了载人登月计划巨大的信心，把人送到月球是前无古人的创举，也是美苏太空竞赛的顶峰。

1. 发现 X 射线源（1965 年）

天鹅座 X - 1（Cygnus X - 1）是一个位于天鹅座方向的双星系统（图 15 - 1），

它于1965年被发现，是个很强的X射线源。天鹅座X-1也是早期被认为是黑洞的天体系统之一，学者普遍认为如果一个天体的物体质量超过太阳质量的7倍以上，则可视其为黑洞，天鹅座X-1比太阳大30倍。1972年，加拿大天文学家汤姆·博尔顿将天鹅座X-1定义为黑洞，X射线是由超巨星流入黑洞时辐射出来的物质。

图15-1 天鹅座释放X射线

（图片来源：NASA）

2. 《星际迷航》首映（1966年）

1966年，经典电视剧《星际迷航》（*Star Trek*，又译作《星际旅行》等）在美国国家广播公司（NBC）电视网首映，它由7部电视剧、1部动画片、13部电影组成。虽然是虚构的，但它激发许多人对天文学和空间科学产生兴趣。

《星际迷航》描述了一个乐观的未来世界（图15-2），人类同众多外星种族一道战胜疾病、种族差异、贫穷、偏执与战争。随后一代又一代的舰长们又把目光投向更遥远的宇宙，探索银河系，寻找新的世界和新的文明。

图15-2 影视作品《星际迷航》

3. 发现脉冲星（1967 年）

1967 年，爱尔兰天文学家乔瑟琳·贝尔·伯奈尔（图 15 – 3）使用她的导师英国天文学家安东尼·赫维希设计的一台射电望远镜寻找类星体时，发现了脉冲星。所谓脉冲星，就是旋转的中子星，因不断地发出电磁脉冲信号而得名。1968 年，贝尔在《自然》期刊上发表了这一发现成果。

图 15 – 3　发现脉冲星的乔瑟琳·贝尔·伯奈尔

4. "阿波罗 1 号"的命名

1967 年，阿波罗飞船在发射前的地面测试中突然起火，导致宇航员维吉尔·格里森姆、爱德华·怀特二世和罗杰·查菲在 17 秒中全部丧生（图 15 – 4）。本来，这艘飞船被命名为"阿波罗土星 – 204（Apollo Saturn – 204）"，后来为了纪念三位牺牲的宇航员，被更名为"阿波罗 1 号（Apollo 1）"。

图 15 – 4　烧焦了的"阿波罗 1 号"（左）和牺牲的三名宇航员（右）

（图片来源：NASA）

5. 人类首次绕月飞行（1968 年）

1968 年，"阿波罗 8 号"宇航员弗兰克·博尔曼、
詹姆斯·洛弗尔和威廉·安德斯成为第一批绕月球旅
行的人（图 15－5）。他们在圣诞节前夕从月球轨道上
进行了历史性的电视直播，并绕月球飞行了十圈才回
到地球。

6. 人类首次登月（1969 年 7 月）

1969 年 7 月 20 日，"阿波罗 11 号"是美国阿波罗
计划中的第五次载人任务，也是人类第一次登月任务，
三位执行此任务的宇航员分别为指令长阿姆斯特朗和指
令舱驾驶员迈克尔·科林斯，以及登月舱驾驶员巴兹·
奥尔德林。阿姆斯特朗和奥尔德林成为首次踏上月球的

图 15－5　首次绕月
飞行的三位宇航员
（图片来源：NASA）

人类，也标志着人类朝着成为宇宙真正公民迈出的第一步（图 15－6）。

图 15－6　奥尔德林在展开的美国国旗旁摆姿势拍照（左）
和"阿波罗 11 号"的三位宇航员（右）
（图片来源：NASA）

7. 人类第二次登月（1969 年 11 月）

1969 年 11 月，"阿波罗 12 号"载着历史上第三和第四个在月球上行走的宇
航员皮特·康拉德和艾伦·比恩着陆月球表面（图 15－7），理查德·戈登留在
月球轨道上的指挥舱里。这次任务的目的地是月球表面一个名叫"风暴洋"的
古老的熔岩平原，这也是在 1967 年 4 月着陆的"勘测者 3 号"位置上实现的一
次精准着陆，距离"勘测者 3 号"的位置只有 183 米。

"阿波罗 12 号"与人类第一次登月不同,"阿波罗 11 号"并没有实现精准着陆,主要是因为当时预定着陆区存在一些危险,因此阿姆斯特朗临时改为手动控制,避开了这些危险区域。

图 15－7　康拉德正在检查"勘测者 3 号"(左)和"阿波罗 12 号"的三位宇航员(右)

(图片来源:NASA)

8. 辉煌的失败(1970 年 4 月)

"阿波罗 13 号"是阿波罗计划中的第三次载人登月任务(图 15－8),于1970 年 4 月执行。发射后两天,服务舱的氧气罐爆炸,三位太空人使用太空船的登月舱作为救生艇,并在月球上空匆匆投下一瞥而返回地球。"阿波罗 13 号"任务耗资 4 亿美元,应该是一次彻头彻尾的失败。但这次事故与其处理过程却为整个世界载人航天活动提供了启示和借鉴。所以,在航天历史上,它比一次成功的登月更有价值。

图 15－8　"阿波罗 13 号"的三位宇航员

(图片来源:NASA)

9. 第一次在月球上自动采样并带回月球土壤的探测器（1970 年）

1970 年 9 月，苏联发射了"月球 16 号"探测器，它是人类第一个实现在月球上自动取样并带回 101 克月球土壤的探测器（图 15 – 9）。同年，苏联还发射了"金星 7 号"探测器，也是人类首次成功实现在金星表面软着陆的探测器。金星比月球远得多，发射金星探测器及保证获得有用的探测结果也难得多。"金星 7 号"在进入金星大气层后，为地球传回了 23 分钟数据，这是人类行星探测活动中获得的第一批行星实测数据，所以意义重大。

图 15 – 9　"月球 16 号"探测器（左）和"金星 7 号"探测器（右）

（图片来源：NASA）

10. 从月球上捡到了地球岩石（1971 年 1 月）

"阿波罗 13 号"的事故动摇了美国对登月计划的信心，而 1971 年 1 月执行"阿波罗 14 号"任务的三位宇航员却拯救了阿波罗计划。艾伦·谢泼德和埃德加·米切尔成功登陆月球（图 15 – 10），并且创造了人类在月球表面行走 9 小时 17 分的最长时间纪录。这次采集回来的月球岩石样品中，有一块约 2 克重的小岩块原本属于地球，在某种机缘巧合的情况下，这一小块岩石飞到了月球上，后来又刚好被宇航员捡了回来。

除了带回 44.5 千克月面样本之外，这次任务后，米切尔声称在登月过程中他受到了超自然力量的感召。

图15-10 谢泼德站在安插在月面的第三面美国国旗前的场景

（图片来源：NASA）

11. 人类第一个空间站（1971年4月）

1971年4月19日，苏联的"礼炮-1号"空间站发射升空，成为人类历史上第一个空间站。宇航员在太空站内逗留了23天（图15-11）。但是非常不幸，他们在乘坐"联盟11号"飞船返回地球的时候，因返回舱的均压均衡阀过早开启，三位宇航员牺牲。

图15-11 未能"回家"的三位宇航员

（图片来源：NASA）

12. 人类第一颗火星卫星（1971 年 5 月）

不止月球，火星也是人类想去的地方。从 17 世纪开始，人类就使用望远镜对火星进行"科考"。

1971 年 5 月 30 日，"水手 9 号"飞向火星（图 15 - 12），并于同年 11 月 14 日抵达，成为人类派往火星考察的第一颗人造卫星。这是人类第一次真正围绕另一行星做轨道运行，在近一年的轨道运行期间，"水手 9 号"绘制出了火星的地形，总共发回 7329 幅图像，包括干涸的河床、死火山和一个巨大的峡谷（水手谷）。

1971 年 11 月 27 日，苏联"火星 2 号"登陆器在火星表面坠毁，成为第一个到达火星表面的人造物。

图 15 - 12　"水手 9 号"火星卫星

（图片来源：NASA）

13. 首次利用月球车执行任务（1971 年 7 月）

"阿波罗 15 号"是阿波罗计划关于人类第四次登月的载人登月任务。"阿波罗 15 号"与前几次任务相比，指令长大卫·斯科特和登月舱驾驶员詹姆斯·艾尔文在月球表面停留了三天，两位宇航员驾驶着第一辆月球车（图 15 - 13），穿越的距离比前几次任务遥远了很多，他们一共收集了约 77 千克的月球岩石标本。

图 15 - 13　大卫·斯科特驾驶月球车

（图片来源：NASA）

14. 人类首次成功着陆火星的探测器（1971 年 12 月）

1971 年 12 月，苏联的"火星 3 号"成功登陆火星地面，成为有史以来第一个成功在火星表面着陆的探测器（图 15 - 14），但是它仅仅在火星上工作了大约 20 秒，甚至没有发回一张完整照片就与地球失去联系了，这可能是由于当时火星上发生了强大的沙尘暴。

2013 年 4 月，俄罗斯航天爱好者们在查看由美国火星勘测轨道器传回的图像时，发现了 1971 年着陆火星的苏联"火星 3 号"探测器遗骸的线索。

图 15 - 14　苏联的"火星 3 号"探测器

（图片来源：NASA）

15. 人类首次着陆在月面的高地上（1972 年 4 月）

"阿波罗 16 号"是人类历史上第五次成功登月的任务（图 15 - 15）。与此前的阿波罗项目不同的是，"阿波罗 16 号"首次降落到月球高地地区（此处被命名为"笛卡儿高地"）进行探测，而此前几次降落地点都在月海区域。之所以选择在月球表面的高地地区降落，是因为月球高地的岩石年龄要比月海的岩石古老得多，在这里获得的样本会与之前几次获得的样本有较大差异。

图 15 – 15　"阿波罗 16 号"三位宇航员的地面训练合影（左）

和宇航员查尔斯·杜克留在月面上的全家福照片（右）

（图片来源：NASA）

16. 20 世纪人类最后一次登月（1972 年 12 月）

1972 年 12 月 7 日，"阿波罗 17 号"升空（图 15 – 16），三天后登月舱降落在月球的金牛座利特洛峡谷，两名宇航员在那里进行了三次月面活动，总计时长 22 小时，并采集了 243 磅（约 110 千克）的岩石。

这是阿波罗计划中的最后一次任务，在即将离开月球之前，指令长尤金·塞尔南说："如果情况允许的话，我们还会带着全人类的和平与希望回到这里，美国今日对太空的挑战将铸造人类明天的命运。"

图 15 – 16　1972 年 12 月 12 日，"阿波罗 17 号"指令长

尤金·塞尔南举着美国国旗的下角

（图片来源：NASA）

17. 美国的第一个空间站（1973 年 5 月）

1973 年 5 月 14 日，美国在肯尼迪宇宙中心发射第一个太空实验室（图 15 –
17），当时它是人类向近地轨道发射的人造天体中重量和容量最大而又最复杂的
人造装备。

太空实验室也是美国第一个环绕地球的空间站，它由轨道工作舱、过渡舱、
多用途对接舱、太阳望远镜和"阿波罗"飞船五部分组成。它在太空运行的六
年时间里，总共绕地球 34 981 圈，航程达 14 亿多千米，任务结束后于 1979 年 7
月 11 日进入大气层被烧毁。

图 15 – 17　美国发射的太空实验室

（图片来源：NASA）

18. 人类航天器首次飞掠木星（1973 年）

1973 年 12 月 2 日，美国"先锋 10 号"
经历 21 个月旅行，成为第一颗飞越木星的航
天器，并给人类提供了第一幅近距离的木星
照片（图 15 – 18）。目前，"先锋 10 号"仍
在继续其漫长的旅程，朝着金牛座方向前进，
如无意外，它将在 200 万年后接近毕宿五。

19. "世纪彗星"来了（1973 年 3 月）

1973 年 3 月 7 日，捷克天文学家科胡特克
发现了一颗善变的彗星，后来被命名为"科胡
特克彗星"（图 15 – 19），它是一颗长周期彗

图 15 – 18　"先锋 10 号"传回的
第一幅近距离的木星照片

（图片来源：NASA）

星，上一次的出现大约是 150 000 年前，下一次则大约是 75 000 年后。科胡特克彗星在通过近日点之前，被媒体炒作成"世纪彗星"，种种传言描绘它会带来一场史无前例的天象盛宴，当时激发了公众对于天文的浓烈兴趣。然而，它的表现让人们大失所望，它远不如预期的壮观。原因可能是它在飞掠地球之前曾经接近太阳，已经有部分分解掉了；另一种说法认为它是第一次接近太阳，所以仍然是冻结的状态。

图 15－19　科胡特克彗星

（图片来源：NASA）

20. 水星第一张特写照片（1974 年 3 月）

1974 年 3 月 29 日，"水手 10 号"从离水星表面 700 千米的地方飞掠，然后进入周期为 176 天的公转轨道，环绕太阳运行。后来又三次从水星上空 330 千米处经过，拍摄到了 1 万多张图片，涵盖了水星表面积的 57%。它用一个星期的时间，从外层空间向地球发回了几百张有价值的水星照片和资料。这些资料也是目前天文学家了解水星的主要来源，因为人类无法用望远镜直接观测水星的表面。

图 15－20　"水手 10 号"
拍下的水星特写照片
（图片来源：NASA）

21. 第二颗飞掠木星的探测器（1974 年 5 月）

"先锋 11 号"是第二个用来研究木星和外太阳系的空间探测器，1974 年它从木星云层上方 34 000 千米处飞掠，它也是去研究土星和它的光环的第一个探测器。与"先锋 10 号"不同的是，"先锋 11 号"不仅拜访木星，它还用了木星的强大引力去改变它的轨道飞向土星。它靠近土星后，就顺着它的逃离轨道离开了太阳系。如果不出意外，400 万年后它将经过天鹰座 λ 附近，就像"先锋 10 号"一样，"先锋 11 号"也将把人类的信息带到宇宙中。

图 15 - 21　飞往天鹰座的"先锋 11 号"

（图片来源：NASA）

22. 太空握手（1975 年 7 月）

1975 年 7 月 15 日，"联盟号"和"阿波罗号"在各自国家的发射时间间隔 7 个半小时，并于 7 月 17 日在太空对接（图 15 - 22）。三个小时后，两位指令长斯塔福德和列昂诺夫在"联盟号"的舱门处进行了太空的第一次握手。7 月 19 日，美国和苏联宇航员在太空结束了史无前例的 44 小时的国际使命。"阿波罗号"和"联盟号"开始分离，苏联人将在第二天返回地面，美国人将在五天后返回地面。

图 15 - 22　"联盟号"和"阿波罗号"的太空对接

（图片来源：NASA）

23. 金星表面的第一张照片（1975 年 10 月）

星际航行是行星际航行和恒星际航行的统称，行星际航行是指太阳系内的航行，恒星际航行是指太阳系以外的恒星际空间的飞行。20 世纪 70 年代以后，人类航天逐渐迈向不载人的行星际航行时代。

1975 年 10 月，苏联的"金星 9 号"和"金星 10 号"探测器在金星软着陆（图 15 - 23），它们的着陆点相距约 2200 千米，只是"金星 10 号"晚三天着陆。它们在金星的恶劣条件下存活了足够长的时间。"金星 9 号"是第一个传回金星黑白电视影像的探测器，本来携带了 360 度全景照相机，由于其中之一损坏，只能拍摄 180 度景象，"金星 10 号"也出现了同样的问题。

图 15 - 23　苏联的"金星 9 号"和"金星 10 号"探测器

（图片来源：NASA）

24. 着陆火星（1976 年 7 月）

1976 年 7 月 20 日，美国"海盗 1 号"火星探测器降落在火星赤道附近，几秒后开始向地球传送了首批火星表面图像。"海盗 1 号"和"海盗 2 号"是美国航天局"海盗计划"发射的两个航天器。"海盗号"由轨道舱和着陆舱组成。轨道舱从太空对火星空间环境、火星地面以及火卫一、火卫二进行观测；着陆舱则在火星表面探测火星上是否存在生命（图 15 - 24），同

图 15 - 24　美国"海盗号"火星着陆器

（图片来源：NASA）

时勘测火星地貌、火星大气和地震活动。

25. 威斯特彗星造访地球（1976 年 2 月）

1976 年 2 月 25 日，威斯特彗星通过近日点，它是 20 世纪最漂亮的彗星之一，甚至在白天也能以肉眼观测到。彗尾呈现扇形，其中带着淡红色的尘埃尾的张角为 30°—35°。据估计，这颗彗星的公转周期为 55.8 万年。

丹麦天文学家理查德.M·威斯特（Richard M. West）于 1975 年 11 月 5 日在经过曝光后的底片上发现威斯特彗星（图 15 - 25），后来又于 1976 年 2 月所摄得的底片上发现了它的踪迹。

图 15 - 25　威斯特彗星

（图片来源：NASA）

26. 发现天王星的光环（1977 年）

1977 年，麻省理工学院的詹姆士·艾略特（James Elliot）带领的天文学家小组在飞机上使用望远镜，发现了环绕天王星的环系。当地球在太阳和天王星之间时，他们观察天王星光环，并注意到天王星环系的亮度波动（图 15 - 26）。

图 15 - 26　麻省理工学院的詹姆士·艾略特（左）和天王星环系照片（右）

27. 发现"冥卫一"（1978 年）

1978 年，美国海军天文台的詹姆斯·克里斯蒂发现一颗围绕冥王星运行的卫星，也就是"冥卫一"（图 15 - 27）。克里斯蒂按照国际天文组织规定，称它"卡戎（Charon）"，在希腊神话中"卡戎"是冥王黑帝斯的船夫，负责将死者渡过冥河。

冥王星是太阳系中的一颗矮行星，目前已经发现它有 5 颗卫星。

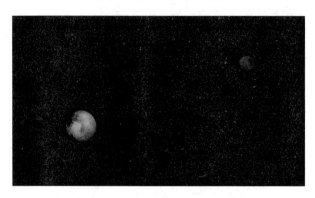

图 15 - 27　冥王星和冥卫一

（图片来源：NASA）

28. "旅行者号"相继造访木星（1979 年 3 月）

1977 年，"旅行者 2 号"和"旅行者 1 号"分别一南一北发射，分头向太阳系的两端前进。它们是目前服役最久、距离地球最远的人类航天器，其中"旅行者 1 号"已经离开了太阳风的势力范围，正在星际空间穿行。

1979 年，"旅行者 1 号"探测器于 3 月飞掠木星，"旅行者 2 号"探测器于 7 月造访木星。两者都发回了木星及其卫星的壮观照片。

图 15 - 28　"旅行者 1 号"造访木星

（图片来源：NASA）

十六、哈勃太空望远镜进入太空（1979—2000）

20世纪90年代，美国航天飞机携带着哈勃太空望远镜一飞冲天。随后的在轨工作期间，哈勃太空望远镜历经数次坎坷又绝处逢生，直到圆满完成使命才退役。哈勃太空望远镜的一生成就卓越，不仅为人类探索宇宙开启了一扇窗，也彻底打破了人类过去对宇宙的认知和看法。

航天飞机是一种可重复使用的运载工具。它既能像运载火箭那样垂直起飞，也能像飞机那样水平着陆。航天飞机结合了飞机、火箭和航天器的性质，是一种有翅膀的航天器，为人类自由进出太空提供了很好的工具，航天飞机的出现是航天史上的一个重要里程碑。

1. 美国太空实验室（1979年7月）

1979年7月12日，美国太空实验室服役到期，在南印度洋上空坠入大气层烧毁后解体（图16-1），碎片落在澳大利亚一个人烟稀少的地区。

图16-1　美国太空实验室

（图片来源：NASA）

2. 人类第一颗飞越土星的探测器（1979年9月）

1979年9月1日，"先锋11号"成为第一颗飞越土星的探测器（图16-2），在距离土星最高云层21 000千米以内，通过无线电发送机将这颗美丽的环状行星的近距离照片传回地球。

图 16 - 2　"先锋 11 号"飞越土星

（图片来源：NASA）

3. 人类第一次获得高清土星及其卫星照片（1980 年 11 月）

1980 年 11 月，"旅行者 1 号"飞越土星（图 16 - 3），近距离"探访"土星，发回万余张彩色照片，天文学家第一次看到土星及其卫星的高解像的清晰照片。

图 16 - 3　"旅行者 1 号"飞越土星

（图片来源：NASA）

4. "哥伦比亚号"航天飞机发射（1981 年 4 月）

1981 年 4 月 12 日，在卡纳维拉尔角肯尼迪航天中心聚集着上百万人，观看第一架航天飞机发射，"哥伦比亚号"航天飞机是人类第一架航天飞机（图16 - 4），它的发射翻开了航天史上新的一页。"哥伦比亚号"的命名是为纪念凡尔纳小说

《从地球到月球》中的大炮"哥伦比亚炮"。航天飞机的首航驾驶员是经验丰富的宇航员约翰·杨（John W. Young）和新手罗伯特·克里平（Robert L. Crippen）。

图 16 - 4　"哥伦比亚号"航天飞机发射

（图片来源：NASA）

5. 近距离拍照土星环（1981 年 8 月）

1981 年 8 月 25 日，当"旅行者 2 号"接近土星时（图 16 - 5），传回了土星及其光环照片，这些照片经过计算机增强处理后，可以看到漂亮的光环和它的卫星，但在黑暗星空中只能看见土星的 3 颗卫星。"旅行者 2 号"借助土星的引力，飞往天王星和海王星，所以它放弃了访问"土卫六"的机会。

图 16 - 5　"旅行者 2 号"拍摄的土星及其光环

（图片来源：NASA）

6. 第一张金星表面的彩色照片和第一个记录金星的声音（1981 年 10 月）

1981 年 10 月 30 日和 11 月 4 日发射的"金星 13 号"和"金星 14 号"，携带自动钻采装置，在金星上着陆，采集了金星岩石样品，分析了土壤样本，拍摄了第一张金星表面的彩色照片。"金星 13 号"也是第一个记录金星表面声音的探测器。

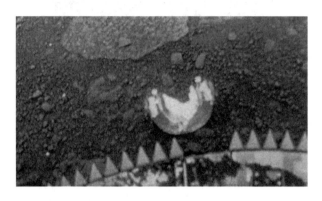

图 16 - 6　"金星 13 号"发回的金星表面彩色照片

（图片来源：NASA）

7. 美国首位女性宇航员进入太空（1983 年 6 月）

1983 年 6 月 18 日，美国"挑战者号"航天飞机从肯尼迪航天中心发射升空。32 岁的宇航员萨利·莱德乘坐"挑战者号"航天飞机进入太空，她成为美国第一位进入太空的女性（图 16 - 7），也是世界上第三位进入太空的女性宇航员。

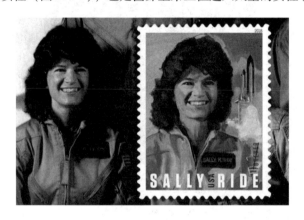

图 16 - 7　一位出色的女宇航员——萨利·莱德

（图片来源：NASA）

8. 第一颗飞跃八大行星的探测器（1983 年 6 月）

牛顿告诉我们，"先锋号"或"旅行者号"的太空之旅，如果没有受到不平衡外力作用，它们将会一直沿着既定的方向匀速地运动下去。

截至 1983 年 6 月中旬，"先锋 10 号"探测器已经穿过海王星轨道。因为在当时冥王星并不比海王星离太阳远，所以"先锋 10 号"已经旅行到行星系以外。

"先锋 10 号"携带了一张金盘，金盘上面刻出了太阳和行星的分布信息，以及地球位置信息，此外还刻有男人和女人身体外形等（图 16 - 8）。人们相信总有一天，"先锋 10 号"会偶遇外星人，所以这张金盘是为外星生物准备的。

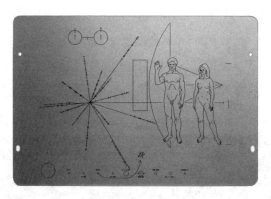

图 16 - 8　"先锋 10 号"携带了一张金盘

（图片来源：NASA）

9. 发现火星陨石（1983 年 10 月）

在南极洲发现的一颗命名为"EETA 79001"的无球粒陨石（图 16 - 9），也是一种玄武岩熔岩岩石。分析表明，这块陨石内部所包含的气体与"海盗号"在火星大气中测量到的气体完全相同，这块岩石上的黑色斑块是由于陨石撞击火星，火星岩石熔化形成的。

为什么火星物质会来到地球？因为小行星撞击火星引起爆炸，其中一些爆炸碎片以陨石的形式落到了地球表面。

图 16-9　来自火星的陨石

10. 哈雷彗星回归（1985—1986）

　　1985 年至 1986 年，哈雷彗星再次回归了，但由于地球当时的位置所致，它的可见度不如 1910 年回归时那么清晰，这也是两千年以来最难观测的一次回归，裸眼只能隐约观测到，所以必须借助双筒望远镜和小型望远镜观看（图16-10）。

图 16-10　1986 年哈雷彗星回归照片

11. 第一次飞越天王星（1986 年 1 月）

　　1986 年 1 月 24 日，"旅行者 2 号"飞越天王星（图 16-11），这是人类第一颗飞越天王星的探测器，它与天王星云层顶部的最近距离为 81 500 千米。"旅行者 2 号"不仅将天王星及其卫星的图像传回地球，还探测了天王星因为自转轴倾斜 97.77°形成的独特的大气层，以及观察到了天王星环。

图 16 – 11　"旅行者 2 号"飞越天王星

（图片来源：NASA）

12. "和平号"空间站进入太空（1986 年 2 月）

1986 年 2 月 20 日，苏联"和平号"空间站被送入轨道（图 16 – 12）。"和平号"空间站是人类首个可长期居住的空间研究中心，同时也是首个第三代空间站。直到 2001 年，"和平号"空间站才结束了它的使命。

图 16 – 12　"和平号"空间站

（图片来源：NASA）

13. 利用航天器探测哈雷彗星（1986 年 3 月）

1986 年 3 月 13 日，欧洲空间局发射了一颗"乔托号"探测器，它的主要任务是探测哈雷彗星，这也是人类首次用航天器探测哈雷彗星。"乔托号"以 596 千米的距离通过哈雷彗星的核心（图 16 – 13），拍摄了 1480 张彗核照片。除了

"乔托号"之外，另外还有 4 颗航天器飞过哈雷彗星的核心。

　　"乔托号"是为了纪念意大利画家乔托·迪·邦多纳而命名的，他曾在 1301 年观测过哈雷彗星，并把它视为"伯利恒之星"。

图 16 - 13　"乔托号"探测哈雷彗星

（图片来源：NASA）

14. 观测到了超新星爆炸（1987 年）

　　1987 年，银河系中的一个星系——大麦哲伦星云中的一颗恒星，由于生命走到尽头而爆炸。它是自 1604 年在地球上观测到的距离地球最近的超新星。这颗恒星真实的爆炸时间发生在 179 000 年前（图 16 - 14），但是由于大麦哲伦星云距离地球很远，所以直到 1987 年，爆炸时的光线才到达地球。

图 16 - 14　超新星爆炸

（图片来源：NASA）

15. "旅行者 2 号"圆满完成太阳系行星探索的预期任务（1989 年 8 月）

　　1989 年 8 月 25 日，"旅行者 2 号"花了 12 年的飞行时间，终于飞越了海王星，完成了飞越太阳系外四颗气体巨行星的"旅行"任务。"旅行者2号"是一颗飞越了木星、土星、天王星和海王星的高效飞行器（图16－15），也是人类太空探索史上成功的无人探测器之一。

图16－15　"旅行者2号"飞越海王星

（图片来源：NASA）

16. 美国发射"伽利略"号飞船（1989年10月）

1989年10月18日，"阿特兰蒂斯号"航天飞机成功地释放了"伽利略号"飞船（图16－16）。至此，"伽利略号"飞船开始了漫长的飞往木星的征途。1990年2月它掠过金星，1990年12月和1992年12月它两次飞越地球，然后借助地球引力于1995年12月抵达木星。抵达木星后，"伽利略号"飞船释放一颗木星探测器，木星探测器落入木星大气层后开启了探测木星大气参数的任务，这是人类首次利用探测器深入外层空间探测行星大气层。

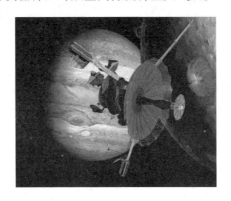

图16－16　抵达木星的"伽利略号"飞船

（图片来源：NASA）

17. 哈勃太空望远镜升空（1990年4月）

1990年4月24日，在美国肯尼迪航天中心，"发现者号"航天飞机搭载着哈勃望远镜成功进入预定轨道（图16－17）。哈勃太空望远镜是以美国天文学家爱德温·哈勃的名字命名，哈勃太空望远镜的主要任务是探测深空天体，揭开宇宙起源奥秘，了解太阳系、银河系和其他星系的演变过程。2019年5月，哈勃太空望远镜科学家公布了第一批宇宙照片。

18. 航天飞机发射的第一个星际探测器（1990年8月）

1989年5月，"麦哲伦号"金星探测器由"亚特兰蒂斯号"航天飞机携带升空（图16－18）。1990年8月10日，"麦哲伦号"探测器进入绕金星飞行的轨道，利用成像雷达系统对金星全球进行了详细的拍摄，还对金星95%的地区进行了高分辨率的重力测量。

图16－17　哈勃太空望远镜　　　图16－18　　"麦哲伦号"金星探测器
（图片来源：NASA）　　　　　由航天飞机携带升空

（图片来源：NASA）

19. 天文成像技术的革命（1990年以后）

在农耕时代，人类一直借助于天文现象和星辰规律来指导农耕生产。随着人类文明的进步和科学的发展，科学技术极大地促进了天文学革命。

CCD（电荷耦合器件）取代望远镜相机中的胶片，掀起了天文成像的一场革命。天文摄影中使用的CCD相机本质上是一种数码相机（图16－19），它连接在望远镜上，然后再将拍摄图像下载到计算机中。在计算机里，可以采用各种图像信息增强技术改善图像效果，处理后的图像远远优于使用老式胶片摄像机拍摄的图像。

图 16 - 19   数码相机的 CCD

（图片来源：NASA）

20. 美国发射"康普顿"伽玛射线天文台（1991 年）

1991 年，美国发射了"康普顿"伽玛射线天文台（图 16 - 20），其任务是探测宇宙中伽玛射线的来源。探测器以在伽玛射线领域做出重要贡献的美国物理学家康普顿的名字命名。

"康普顿"伽玛射线天文台是美国航空航天局"大天文台"系列的一部分，其中还包括"哈勃"望远镜、"钱德拉"X 射线天文台和"斯皮策"太空望远镜。

图 16 - 20   从航天飞机窗口看到的"康普顿"伽玛射线天文台

（图片来源：NASA）

21. 探索宇宙的第一颗卫星（1992 年）

1992 年 4 月 23 日，一个美国科学团队宣布，他们从"宇宙背景探测者"的数据中发现了原始的种子。

　　宇宙背景探测者，也称为"探险家66号"（图16－21），是探索宇宙论的第一颗卫星。它的目的是调查宇宙间的宇宙微波背景辐射，其探测结果可以帮助我们了解宇宙的形状，进而巩固宇宙的大爆炸理论。

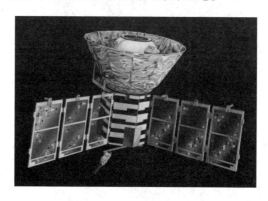

图16－21　"探险家66号"

（图片来源：NASA）

22. 发现第一颗柯伊伯带的天体（1992年）

　　1992年，经过五年的探索，天文学家戴维·朱伊特和简·卢发现了第一个柯伊伯带内的天体，其名字为"1992QB1"（图16－22），直径为100—170千米。

　　柯伊伯带位于海王星轨道之外的区域，它包含数百万颗太阳系形成之初的小天体，这些小天体围绕太阳运行，被称为星子。

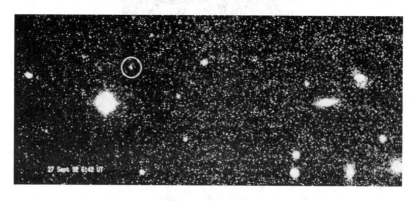

图16－22　图中圆圈内为柯伊伯带的"1992QB1"

（图片来源：NASA）

23. 飞向月球的第一颗现代小卫星（1994 年 1 月）

1994 年 1 月 25 日，美国发射了"克莱门汀"探测器（图 16 - 23），2 月 6 日进入环月轨道，最终运行于月球极地轨道，它对月球全球进行测绘，总共发回 180 万幅图片。

"克莱门汀"探测器是美国"阿波罗"登月计划结束后的 20 多年来发射的第一个新型月球探测器。其主要任务是试验先进的轻型成像敏感器等新技术，同时也是按照快、好、省的原则研制的现代小卫星的典范，实现了减少重量和体积，缩短研制周期以及降低成本的目标。

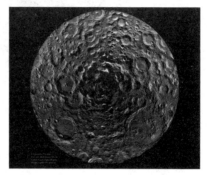

图 16 - 23　"克莱门汀"探测器（左）和它拍摄的月球照片（右）

（图片来源：NASA）

24. 发现历史上最亮的彗星（1995 年 7 月 23 日）

1995 年 7 月 23 日，美国艾伦·海尔（Alan Hale）和汤玛斯·波普（Thomas Bopp）分别独立发现海尔 - 波普彗星（图 16 - 24），它是众多由业余天文学家发现的彗星中距离太阳最远的一颗（被发现时位于木星轨道外）。若把哈雷彗星和它放在同一轨道上，海尔 - 波普彗星的亮度比哈雷彗星高千倍以上，它打破了肉眼可见的历史记录，可以用肉眼观察 17 个多月。

图 16 - 24　海尔 - 波普彗星

（图片来源：NASA）

25. 世界上最大的组合反射望远镜（1996 年）

坐落于美国夏威夷莫纳克亚天文台的"凯克望远镜Ⅱ"是"凯克"系列望远镜之一，它于 1996 年建成。"凯克"系列望远镜分为"凯克望远镜Ⅰ"和"凯克望远镜Ⅱ"（图 16 – 25），这两个反射望远镜组成了世界上最大的天文望远镜。

图 16 – 25　　"凯克望远镜Ⅰ"和"凯克望远镜Ⅱ"

（图片来源：NASA）

26. 人类第一部火星车成功着陆（1997 年 7 月 4 日）

1997 年 7 月 4 日，美国的"探路者号"在火星表面着陆，它携带的"索杰纳号"六轮漫游者，是人类送往火星的第一部火星车。"索杰纳号"成功地探索了着陆点周围的地区，并将令人惊叹的照片传回地球（图 16 – 26）。

图 16 – 26　　"索杰纳号"传回的火星表面照片

（图片来源：NASA）

27. 发现宇宙加速膨胀（1998 年）

1998 年，两个国际天文学家小组的研究成果分别发表在美国天文学会的《天文学杂志》和《天体物理学杂志》上，他们的研究发现：那些作为标准烛光的超新星比起假定宇宙匀速膨胀的情形下要暗，因此也就更远，这意味着宇宙不是匀速膨胀，而是在加速膨胀。而宇宙的膨胀是由于某种未知的力量使然（图 16 – 27）。

图 16 – 27　宇宙加速膨胀

（图片来源：NASA）

28. 国际空间站开始建设（1998 年 11 月）

1998 年 11 月 20 日，国际空间站开始正式建设，宇航员将美国建造的"团结号"节点舱与俄罗斯建造的"曙光号"节点舱连接起来（图 16 – 28），空间站的总体任务是"实现对太空的长期探索，并为地球上的人们提供福利"。

目前，国际空间站是在轨运行最大的空间平台，是可开展大规模、多学科基础和应用科学研究的空间实验室。

图 16 – 28　正在建设中的国际空间站

（图片来源：NASA）

29. X 射线天文台使天文学从测光时代进入了光谱时代（1999 年 7 月）

1999 年 7 月 23 日，钱德拉 X 射线天文台由"哥伦比亚号"航天飞机搭载升空。钱德拉 X 射线天文台是大型轨道天文台计划的第三颗卫星（图 16 - 29），原名为先进 X 射线天文设备，1998 年，为纪念美籍印度裔天体物理家苏布拉马尼扬·钱德拉塞卡而更名。

钱德拉 X 射线天文台源于 1976 年美籍意大利裔天文学家里卡尔多·贾科尼等人的设想，目的是用来观察宇宙高能区的 X 射线，如爆炸恒星和碰撞星系的残余物。

图 16 - 29　钱德拉 X 射线天文台

（图片来源：NASA）

30. 第一个探索和着陆小行星的航天器（2000 年 4 月）

"会合 - 舒梅克号"的主要任务是利用近 1 年的时间绕飞爱神星，它是第一个探索小行星特写镜头的探测器（图 16 - 30）。

"会合 - 舒梅克号"最初的轨道半径为 200 千米，后来于 2000 年 4 月 30 日逐渐缩小为 50 × 50 千米，直到 2000 年 7 月 14 日减小到 35 × 35 千米；这个轨道是以超过 1 月的时间扩张至 200 × 200 千米，然后在 2000 年 12 月 13 日慢慢下降，变成 35 × 35 千米的逆行轨道。最后"会合 - 舒梅克号"于 2001 年 2 月 12 日着陆在爱神星上，在戏剧性的下降过程中，它拍下了爱神星详细的照片。

图 16 - 30　会合 - 舒梅克号

（图片来源：NASA）

31. 人类开始进入国际空间站里工作（2000 年 10 月）

不知道我们在有生之年是否会离开地球开始星际移民，也不知道我们的生命形式是否会超出现在的范畴，甚至不知道我们的认知能力是否足以理解宇宙和自身。但我们知道：只要人类这个物种还存在，就会有一些成员作为旅行的先驱，将人类足迹和思维边界拓展到更远的地方。

2000 年 10 月 31 日，"联盟号"宇宙飞船从拜科努尔航天发射场发射升空。飞船运送第一批机组人员抵达国际空间站。

十七、进入空间站时代（2000—2010）

空间站是运行在外层空间的人造舱，也可视为宇宙飞船的码头。广义上讲，空间站也是空间飞行器的一种，与宇宙飞船相比，空间站一般不具备推进和着陆用的设备，但空间站有适合人类长时间居住的保障条件，可以作为航天员在太空停留和工作的场所。

1. 国际空间站迎来第一批"居民"（2000 年 11 月）

2000 年 10 月 31 日，由一位美国宇航员和两位俄罗斯宇航员组成的国际空间站"第一批远征组"（也称为"远征一号"）搭乘俄罗斯"联盟号"飞船，从俄罗斯的拜科努尔发射升空，并于 11 月 2 日抵达目的地。"联盟号"指挥官尤里·吉泽科、"远征一号"指挥官威廉·谢泼德和飞行工程师谢尔盖·克里卡列夫成为第一批国际空间站"居民"（图 17 - 1）。

他们三人在太空生活了 136 天，直到 2001 年 3 月才返回地球。随后第二批宇航员立即替补上去，已经持续了 20 年，从未有间断。

图 17 - 1　俄罗斯的谢尔盖·克里卡列夫、

美国的威廉·谢泼德和俄罗斯的尤里·吉泽科（从左向右）

（图片来源：NASA）

2. 人来首次控制空间站坠入太平洋（2001 年 3 月）

2001 年 3 月 23 日，在太空中已经遨游了 15 年的俄罗斯"和平号"空间站（图 17 - 2）终于走完了最后的路程，像远去的游子，粉身碎骨地溅落，坠入南太平洋。它回到地球怀抱的整个行动非常复杂，此前人类从没有操控过这么大的人造物坠落地球。

3. 为空间站配置联合气闸舱（2001 年 7 月）

2001 年 7 月 12 日，美国"亚特兰提斯号"航天飞机将气闸舱送到国际空间站。这个气闸舱可以让生活在空间站里的宇航员穿着太空服进出空间站（图 17 - 3），而不再需要经过停靠在空间站的航天飞机作为进出通道。

图 17 - 2　俄罗斯"和平号"空间站

（图片来源：NASA）

图 17 – 3　国际空间站的气闸舱

（图片来源：NASA）

4. "先锋 10 号" 传来告别信号（2003 年 1 月）

2003 年 1 月 22 日，经过 30 多年的飞行，"先锋 10 号" 宇宙飞船最后一次给地球传输数据。"先锋 10 号" 是美国国家航空和宇宙航行局的第一个探索太阳系外行星的航天器（图 17 – 4），它也是人类第一个飞越小行星带的航天器，第一个访问木星的航天器。目前，它已经飞离地球 170 多亿千米，即将飞出太阳系。尽管原计划只能使用 21 个月，但它在 30 多年的时间里一直在为人类收集和传输数据。

图 17 – 4　"先锋 10 号"

（图片来源：NASA）

5. 空射火箭（2003 年 1 月）

"飞马座 XL" 火箭是在美国宇航局的太阳辐射和气候实验室（SORCE）中研发的，它是自 1970 年以来第一枚全新的运载火箭（图 17 – 5），也是一种空中发射的三级固体火箭，能够将 400—1000 千克的有效载荷送入近地轨道。它于 2003 年 1 月 25 日投入使用，同时也是世界上第一枚私人开发的空间运载火箭，并且是世界上唯一投入使用的空射火箭。

图 17 - 5　"飞马座 XL"运载火箭（左）和准备发射的空射火箭（右）
（图片来源：NASA）

6. "哥伦比亚号"航天飞机失事（2003 年 2 月）

2003 年 2 月 1 日，美国航天飞机"哥伦比亚号"执行 STS - 107（Space Transportation System - 107）任务后返回大气层时，在德克萨斯州北部上空解体坠毁，七名宇航员全部遇难（图 17 - 6）。

图 17 - 6　"哥伦比亚号"七名遇难的宇航员
（图片来源：NASA）

7. "伽利略号"飞船葬身于木星大气之中（2003 年 9 月）

2003 年 9 月 21 日，美国 NASA 的"伽利略号"飞船以每小时 173 809 千米的速度坠入木星的云层，结束了 14 年的探测任务（图 17 - 7）。

图 17 – 7　"伽利略号"飞船坠入木星

（图片来源：NASA）

8. 中国首位宇航员进入太空（2003 年 10 月）

2003 年 10 月 15 日北京时间 9 时，"长征二号" F 火箭搭载着"神舟五号"飞船首次把中国宇航员杨利伟送入太空，这标志着中国太空探索事业向前迈进了一大步，也是中国的一个里程碑成就。

9. 美国总统布什宣布航天飞机于 2010 年退役（2004 年 1 月）

2004 年 1 月 14 日，美国总统布什在华盛顿的国家航空航天局总部宣布了美国政府制定的雄心勃勃的太空新计划目标（图 17 – 8）。第一个目标是在 2010 年完成国际空间站，同时在 2010 年航天飞机退出现役。第二个目标是在 2008 年研制和试验一种新的太空飞船。第三个目标是在月球建立长期研究基地，开展先期研究和准备。第四个目标是登陆火星。

图 17 – 8　美国总统布什宣布航天飞机退役

（图片来源：NASA）

10. 从火星上传来的第一张火星表面照片（2004 年 3 月）

美国"勇气号"火星探测器于 2003 年 6 月 10 日发射，2004 年 1 月 3 日着陆火星表面。2 月 7 日，"勇气号"成功地在一块玄武岩类岩石上钻出一个小洞。这是人类火星探测历史上的首次岩石钻孔。3 月 5 日，"勇气号"第一次找到火星上曾有水存在的证据。3 月 11 日，"勇气号"从火星上拍摄到了火星表面照片。这是人类首次获得从火星表面拍摄的火星地貌照片（图 17–9）。

2011 年 3 月 22 日，NASA 最后一次联络上"勇气号"；2011 年 5 月 25 日，NASA 在最后一次尝试联络后结束"勇气号"的任务，而它的孪生兄弟"机遇号"一直工作到 2018 年 6 月，为人类探索火星提供了宝贵的资料。

图 17 –9 "勇气号"传回的第一张火星表面影像

（图片来源：NASA）

11. 第一架私营载人航天器诞生（2004 年 10 月）

2004 年 10 月 4 日，伯特鲁坦和"太空船 1 号"（图 17 – 10）的团队获得了1000 万美元的 X 奖，该航天器是第一架私营载人航天器，在 14 天内两次超过100 千米高度。

X 奖是设立在美国的非营利组织性质的基金会，其设立目的是赞助并组织公共竞赛，以推动对全人类有益的技术创新，其赞助的奖项多冠以 X 字样，例如"安萨里"X 大奖、"Google 月球"X 大奖。

图 17 – 10　太空船 1 号

（图片来源：NASA）

12. 深度撞击彗星（2005 年 7 月）

2005 年 7 月 4 日，美国 NASA 研制的"深度撞击"探测器经过 172 天的飞行，旅行了 4.31 亿千米，成功地抵达了"坦普尔 1 号"彗星。然后释放出一颗咖啡桌大小的撞击器，大约重 700 千克，它以每小时 37 000 千米的速度与"坦普尔 1 号"彗星的彗核相撞（图 17 – 11）。

科学家们认为这次撞击事件所喷射出来的冰、尘埃和气体，对于人类发现生命起源具有重要科学价值。

图 17 – 11　"深度撞击"探测器与撞击器

（图片来源：NASA）

13. "泰坦号"运载火箭退役（2005 年 10 月）

2005 年 4 月 29 号，"泰坦 4 号"火箭（图 17 – 12）从卡纳拉尔角空军基地发射，这是它倒数第二次执行任务。2005 年 10 月 19 日，"泰坦 4 号"火箭从范登堡空军基地发射，这是它最后一次执行任务，从此结束了它近50年的服役生涯。

图17-12　"泰坦4号"火箭

（图片来源：NASA）

14. 进入太空的第一位游客（2006年9月）

2006年9月18日，出生于伊朗的美国公民，也是世界第一位太空游客阿努什·安萨里乘坐"联盟TMA-9号"飞船，从拜克努尔发射升空，前往国际空间站。她在国际空间站停留了8天，期间还为欧洲航天局（ESA）进行了人体生理实验。9月28日，安萨里安全返回地球。

安萨里是一位成功的企业家（图17-13），2004年5月5日，在庆祝艾伦·谢泼德轨道飞行43周年之际，她和内弟阿米尔·安萨里捐给"X奖"基金会数百万美元。为纪念他们的捐助，"X奖"被正式更命名为"安萨里X奖"。

图17-13　世界上第一位太空游客阿努什·安萨里

（图片来源：NASA）

15. 人类第一颗环绕矮行星的探测器（2007 年 9 月）

"曙光号"，也称为"黎明号"，是美国 NASA 研制的深空探测器（图 17 - 14），于 2007 年 9 月 27 日发射升空，其主要任务是探索小行星带中最大的两颗矮行星：灶神星与谷神星，它们也是太阳系中最大的两块岩石。

"黎明号"是人类第一颗环绕矮行星飞行的探测器，也是首颗以离子推进器作为驱动力的同时访问两个天体的探测器。

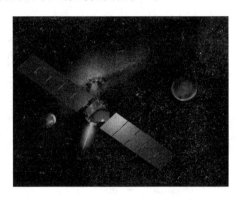

图 17 - 14　"黎明号"探测器

（图片来源：NASA）

16. 对哈勃望远镜最后一次在轨维修（2009 年 5 月）

2009 年 5 月 11 日，美国宇航局最后一次对哈勃太空望远镜进行维修（图 17 - 15），也是航天飞机最后一次执行非国际空间站的飞行任务。

图 17 - 15　宇航员对哈勃望远镜进行维修

（图片来源：NASA）

17. NASA 确定未来太空探索的重点（2010 年 10 月）

2010 年 10 月 11 日，美国总统巴拉克·奥巴马签署了一项法案（图 17 - 16），将 NASA 的工作重点放在探索火星和小行星上。这项法案将美国太空探索小行星和火星的设想变成法律。

这些法案废除了美国宇航局之前的登月目标，并为 2025 年载人登陆小行星铺平了道路。这项法案还要求在航天飞机退役前再增加一次航天飞机飞行，并将国际空间站延长使用到 2024 年。

图 17 - 16　奥巴马总统签署 2010 年 NASA 授权法案
（图片来源：NASA）

18. 第一艘非政府组织的宇宙飞船诞生（2010 年 12 月）

2010 年 12 月 8 日，私人公司 SpaceX 将一艘宇宙飞船送入轨道并安全返回地球（图 17 - 17），这是第一个实现这一目标的非政府组织。

图 17 - 17　SpaceX 公司的"龙"飞船
（图片来源：NASA）

十八、我们还在太阳系里转（2011—2020）

2012 年，与"旅行者 2 号"同年发射的"旅行者 1 号"也飞出了日光层。但是对于这两个探测器是否飞出太阳系，科学家的看法不同。天文学家认为，太阳系的边界被认为在奥尔特云外缘之外，奥尔特云是一组仍然受太阳引力影响的小型天体。

由此可见，无论是"旅行者 1 号"，还是"旅行者 2 号"，它们都需要大约 300 年才能到达奥尔特云的内部边缘，而飞越奥尔特云，则可能需要 3 万年。

1. 第一艘绕水星轨道运行的航天器（2011 年 3 月）

2011 年 3 月 18 日，美国 NASA 的"信使号"进入环水星轨道（图 18-1），3 月 29 日传回第一张从水星轨道拍摄的水星照片。2012 年"信使号"成功完成它的原定任务，在又完成两个扩展任务之后，于 2015 年初开始用它残留的机动燃料执行轨道衰减，于 2015 年 4 月 30 日撞击水星表面，结束其探测使命，并在水星北极附近留下一个直径大约 15 米的撞击坑。

图 18-1 "信使号"水星探测器

（图片来源：NASA）

2. 航天飞机计划的最后一次飞行（2011 年 7 月）

2011 年 7 月 8 日，"亚特兰蒂斯号"航天飞机成为最后一架被送入太空的美国航天飞机（图 18-2）。STS-135 及其四名成员为国际空间站带来急需的物资和设备。这是航天飞机的第 135 次飞行，也是"亚特兰蒂斯号"的第 33 次飞行。

"亚特兰蒂斯号"与国际空间站对接一周多后，"亚特兰蒂斯号"机组人员在执行任务的最后一个早晨醒来，听到凯特·史密斯演唱的《上帝保佑美国》，20 世纪 70 年代航天飞机还在研制时这首歌就成了美国的象征。

7 月 21 日，美国东部夏令时凌晨 5 点 57 分，"亚特兰蒂斯号"降落在佛罗里达州肯尼迪航天中心，正式结束了美国 30 年的航天飞机计划，并于 2013 年开始在肯尼迪航天中心展出。随后，美国 NASA 开始寻求私人公司为国际空间站和未来的项目提供近地轨道的运输。

图 18 – 2 "亚特兰蒂斯号"航天飞机最后一次执行飞行任务
（图片来源：NASA）

3. 第一颗环绕小行星运行的探测器（2011 年 7 月）

美国 NASA 的"黎明号"探测器是第一颗绕小行星轨道运行的人造物体。"黎明号"于 2007 年发射，2011 年 7 月 16 日进入灶神星轨道（图 18 – 3）。灶神星是太阳系中较大的小行星之一，位于火星和木星之间的小行星带里，直径约为 530 千米，大小和辽宁省差不多。"黎明号"在灶神星周围的轨道上停留一年，研究并拍摄其岩石表面。然后，"黎明号"又继续探测另一颗名为"谷神星"的小行星。

图 18 – 3 "黎明号"与灶神星

（图片来源：NASA）

4. 发射世界上最大的太空望远镜（2011 年 7 月）

2011 年 7 月 18 日，俄罗斯发射了一台重达 5000 千克太空电波望远镜（Spektr – R），它也是世界上近年来送入地球轨道的口径最大的太空望远镜（图 18 – 4），其轨道近地点是 10 000 千米，远地点是 390 000 千米。它是一种射电望远镜，其放大倍数是哈勃太空望远镜的 700 倍，主要用于研究角分辨率高达百万分之几弧秒的银河系外的天体。

图 18 – 4 俄罗斯的太空电波望远镜

（图片来源：NASA）

5. 国际空间站补给任务进入商业化时代（2012 年 5 月）

2012 年 5 月 22 日，由私人公司 SpaceX 研制的"龙"飞船第一次全功能发射，第一次到大气层外返回任务，第一次为国际太空站执行补给任务。"龙"飞船由 SpaceX 公司的"猎鹰 9 号"火箭发射，并用空间站的机械臂捕获。它在空间站停靠了近 6 天，宇航员将455千克货物卸到空间站,再把要送回地球的货物装载到"龙"飞船上(图18-5)。

图18-5 "龙"飞船与国际空间站对接
(图片来源:NASA)

这次"龙"飞船执行国际空间站的补给任务,并成功返回地球,是商业太空计划的一个重要里程碑。

6. "好奇号"探测器着陆火星(2012年8月)

2012年8月6日,美国NASA"好奇号"火星车成功登陆火星,它是人类有史以来在火星上着陆的最大和最先进的火星探测车,其体积与一辆汽车相当(图18-6)。"好奇号"经过56 300万千米、历时8.5个月的旅程才到达火星,它着陆时离预定着陆点只相差2.4千米。因为火星和地球之间距离非常大,所以科学家在它着陆14分钟后才收到它反馈到地球的成功着陆信息。

图18-6 "好奇号"火星车
(图片来源:NASA)

"好奇号"的能量来自于钚元素,"好奇号"的任务是探测火星气候及地质情况,并寻找火星上的生命迹象。"好奇号"原本计划运行两年,后来被无限期延长。

7. 第一个进入星际空间的探测器(2012年8月)

2012年8月25日,NASA的"旅行者1号"探测器成为首个穿越星际空间的探测器。从探测器传来的数据表明,它已经越过了日球层顶(图18-7)。

日球层顶,也称为太阳风层顶,它是太阳风遭遇到星际介质而停滞的边界,并被天文学家定义为太阳系的外层边界。

"旅行者1号"于1977年发射,最初是为了研究太阳系,现在它正在星际间漂移,飞向人类未知的地方。

8. 人类第一次跳伞要突破声障(2012年10月)

2012年10月4日,澳大利亚跳伞运动员菲利克斯·鲍姆加特纳成为第一个在没有喷气式飞机或宇宙飞船的情况下(图18-8),从太空边缘跳下的人。他利用氦气球的太空舱上升到39千米高空,打破了1960年乔·基廷格的31千米高空跳伞记录。在下降过程中,他的最高速度达到了每小时1340千米。

菲利克斯·鲍姆加特纳曾是美军跳伞表演队员,多年从事飞机和摩天楼上的跳伞表演;他曾捆绑碳纤维翅膀以滑翔方式飞越英吉利海峡,成为飞越英吉利海峡第一人;他也表演过各种令人惊骇的低空跳伞。

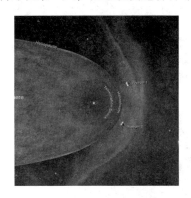

图18-7　"旅行者1号"探测器　　　图18-8　澳大利亚跳伞运动员
　　　飞越日球层顶　　　　　　　　菲利克斯·鲍姆加特纳
　　　(图片来源:NASA)　　　　　　(图片来源:NASA)

9. 第一颗绕彗星飞行的探测器(2014年8月)

2014年8月6日,欧空局的"罗塞塔号"探测器成为首个进入彗星轨道的航天器（图 18 – 9）。经过 10 年 64 亿千米的旅程，"罗塞塔号"进入楚留莫夫－格拉希门克彗星（67P）轨道。探测器发回了彗星表面令人惊叹的高分辨率图像，显示了陡峭的 150 米悬崖和房屋大小的巨石。"罗塞塔号"又跟随这颗彗星接近太阳，并在彗星温度升高且形成极大彗发和彗尾时对其进行拍照，然后把照片传回地球。

图 18 – 9　欧洲航天局的"罗塞塔号"探测器

（图片来源：NASA）

10. 第一个在彗星上着陆的探测器（2014 年 12 月）

2014 年 11 月 12 日，欧空局的"菲莱号"着陆器成为首个在彗星上实现软着陆的探测器（图 18 – 10）。"菲莱号"从"罗塞塔号"探测器中释放出来，经过 7 个小时的艰难历程，降落在楚留莫夫－格拉希门克彗星（67P）表面。"菲莱号"两次弹起，最后停在彗星表面。"菲莱号"重约 100 千克，包含一个基

图 18 – 10　欧空局的"菲莱号"彗星着陆器

（图片来源：NASA）

座、一个设备平台和一个多边形夹层结构，所用材料全部是碳纤维，所携带的仪器和子系统都在引擎盖的下面，太阳能电池覆盖着整个引擎盖，还有一根天线负责与"罗塞塔号"探测器联络，再把数据传回到地球。

11. 第一艘环绕矮行星运行的探测器（2015 年 3 月）

2015 年 3 月 6 日，"黎明号"探测器进入矮行星谷神星的轨道开始科学调查（图 18 -11）。谷神星是位于小行星带中最大的天体，它的直径为 950 千米，占整个小行星带质量的 5%。此外，谷神星是小行星带中唯一一个由于引力作用而形成的足够大的圆形天体。

图 18 -11　哈勃望远镜拍摄的谷神星

（图片来源：NASA）

12. 第一颗探索冥王星的探测器（2015 年 7 月）

2015 年 7 月 14 日，美国 NASA "新视野号"探测器经过 9 年 73 亿千米的旅程抵达冥王星，随后，它将继续进入柯伊伯带进行探测。"新视野号"的主要任务是探索矮行星冥王星，它是第一艘飞越和研究冥王星及其卫星的探测器（图 18 -12）。

图 18 -12　"新视野号"探测器

（图片来源：NASA）

"新视野号"于 2006 年 1 月 19 日发射，发射后直接进入地球和太阳逃逸轨道，在最后关闭引擎时相对于地球的速度是 16.26 千米/秒，因此，它是有史以来以最快速度离开地球的人造物体。

13. 第一批生长在太空的食物和被吃掉（2015 年 8 月 10 日）

2015 年 8 月 10 日，国际空间站的宇航员首次吃上自己在太空栽培的一种红叶生菜。自 2014 年 5 月起国际空间站宇航员们开始种植生菜，第一批新鲜蔬菜种植在一个微波炉大小的盒子中，盒内配置红色、蓝色和绿色 LED 光来促进植物生长（图 18 – 13）。

图 18 – 13　国际空间站宇航员们种植的生菜（图片来源：NASA）

宇航员斯科特·凯利和另外两名宇航员品尝太空生菜后说："味道好极了。"生长在太空中的植物营养和地球上的植物没有区别，太空生菜的大小、形状和地球的生菜也基本一致。虽然宇航员不能填饱肚子，但这将为今后在空间站甚至其他星球栽种作物开辟了道路。

14. 人类首次成功回收火箭助推器（2015 年 12 月）

美国私人公司 SpaceX 使用自己研制的"猎鹰 9 号"火箭搭载着通信卫星，于 2015 年 12 月 21 日从佛罗里达州卡纳维拉尔角空军基地发射升空，将 11 颗通信卫星送入预定地球轨道后，"猎鹰 9 号"火箭助推器成功地返回发射场附近的着陆区（图 18 – 14）。这次成功着陆是 SpaceX 公司 5 年技术开发计划的结果，它将大大降低有效载荷送入轨道的成本。

图 18 – 14　SpaceX 的火箭助推器自动着陆

（图片来源：NASA）

15. 第一粒地球种子在月球上发芽（2018 年 1 月）

2018 年 1 月 3 日，第一粒地球种子在另一个天体上发芽了。中国"嫦娥 4 号"在月球背面着陆后不久便开始了生物生长实验，该实验原计划进行 100 天，但由于生物圈的温度意外下降，实验只进行了 9 天就终止了。在实验中，经过浇水和调节缸内温度，棉花种子和油菜种子都发芽生长了，并且棉花种子长出了两片叶子（图 18 – 15）。

图 18 – 15　中国探月任务首次在月球探测器的微型生物圈中发现了棉花种子的萌芽

（图片来源：NASA）

16. 第一颗在小行星上运行的探测器（2018 年 9 月）

2018 年 9 月 21 日，"隼鸟 2 号"飞船从距离小行星 55 米高的地方发射了"漫游者 – 1a"探测器和"漫游者 – 1b"探测器，这两个探测器分别着陆到小行星表面（图 18 – 16）。由于小行星的引力小，这两台探测器使用旋转发动机进行跳跃，每次持续约 15 分钟。这两台探测器在经过小行星远端、与地球失去联系之前均发回了一系列彩色照片。

"隼鸟 2 号"是日本宇宙航空研究开发机构的小行星探测计划，是"隼鸟 1 号"的后续计划。主要目的是将"隼鸟 2 号"探测器送往属于 C 型小行星的龙宫星，于 2018 年到达并采集样本，2020 年 12 月回收舱携带样本返回地球。"隼鸟 2 号"探测器在与回收舱分离后继续太空之旅，预计将在 2031 年左右抵达编号为 1998KY26 的小行星进行不采样探测。

图 18 – 16　"漫游者 – 1a"探测器和"漫游者 – 1b"探测器

（图片来源：NASA）

17. 首次在月球背面软着陆（2019 年 1 月）

2019 年 1 月 3 日，中国"嫦娥 4 号"着陆器、"玉兔 2 号"月球车在月球背面"冯·卡门"陨石坑附近的着陆区（图 18 – 17）完成世界上首次在月球背面软着陆，并通过"鹊桥"中继星传回第一张近距离拍摄的月背影像图。这是世界上首次实现月球背面软着陆和巡视勘察，同时也是首次在月球的高纬度极地着陆，是首次"月背"与地球的中继通信。

2019 年 11 月 26 日，"嫦娥 4 号"工程被英国皇家航空学会授予航空团队金牌奖，这是 153 年来它首次向中国项目颁发奖项。

图 18 – 17　中国"嫦娥 4 号"着陆器和"玉兔 2 号"月球车在月球背面着陆

（图片来源：NASA）

18. 双胞胎"一个在太空 VS 一个在地球"（2019 年 4 月）

2019 年 4 月 12 日，美国宇航局的双胞胎研究结果发表在学术期刊《科学》上。这篇论文详细介绍了监测太空飞行对人体影响的研究结果。这项研究的测试对象是美国同卵双胞胎航天员马克·凯利和斯考特·凯利（图 18-18），他们兄弟在 2015 年接受了一项特殊的科研任务，斯考特将前往太空，在国际空间站工作一年。与此同时，马克将驻留地球，作为对照。

斯考特在国际空间站待了 340 天，成为第一位在太空待了近一年的美国宇航员。他于 2016 年 3 月 2 日返回地球。这项研究显示，在太空中停留这么长时间会影响基因表达和免疫系统反应等。

图 18-18　马克·凯利（左）和斯考特·凯利（右）兄弟
（图片来源：NASA）

19. 人类首次在太空烘焙食物（2020 年 1 月）

2020 年 1 月 7 日，国际空间站的宇航员们烘焙的饼干成为人类首次在太空烘焙的食物，这五块饼干在轨道上的微重力环境下花费了两个多小时才烤熟（图 18-19），比人们预期的时间要长。这些饼干于 1 月 7 日被带回地球进行研究，其中一个太空饼干将在史密森国家航空航天博物馆展出。

烤箱的工作原理是空气对流。烤箱的热风循环系统是由送风马达、风轮和电热器组成，送风马达带动风轮送出冷风，冷风经过电热设备加热携带热能后经风道进入烤箱，从而提高空气温度的均匀性。对流使气体中较热的部分上升，较冷的部分下降，最终使温度趋于均匀。可是在太空中因为没有重力，所以气体不会因为对流（或气体升降）来使温度均匀。那么怎么解决问题呢？对于太空中万物皆漂浮的情况，烤箱的形状被做成了圆柱形，像滚筒洗衣机一样可以面面俱到。当然，除了烤炉，饼干的烤盘也要特别设计才行。把要烤的面团封装在一个特制的硅胶袋子里面，用铝制的金属框架固定。袋子是透明的，方便观察，上面还有细小的透气孔，同时也可以避免饼干碎屑乱飘。希望这款饼干不是酥脆的，毕竟细小的残渣真的很危险，它更容易进入各种机器内部，甚至是宇航员的肺里。

图 18-19　在太空烘焙的饼干

（图片来源：NASA）

十九、人类将成为跨星球物种（2020—2030）

随着科学技术和社会文明的进步，越来越多的国家、机构、企业和私人公司开始涉足人类太空探索领域，本章归纳整理出 18 个规模比较大的项目，以跟踪和了解未来十年太空旅行、行星研究，乃至外星殖民的成就。

1. SpaceX 公司将建设"星链舰队"（2020 年）

2015 年 1 月，SpaceX 公司创始人马斯克宣布"星链计划"正式启动（图 19-1），该计划的核心内容是建设卫星通信群，为全球网民服务。SpaceX 计划在 2020 年向太空发射 1.2 万颗通信卫星，截至 2020 年 4 月 23 日，"星链计划"的第 7 批 60 颗卫星进入太空，至此 SpaceX 公司已经发射了 420 多颗卫星。

"星链计划"的最终目标是覆盖全球，为民众提供低价高速的无线互联网服务，却遭到天文学家反对，有些天文学家认为，一至两颗人造卫星或许不引人注意，但数万颗人造卫星可能会影响天文观测。马斯克表示，公司正在尝试通过使用遮阳板等方式，降低卫星的亮度。另外，还有人担心，该网络可能会使地球轨道卫星过于拥挤，一方面可能导致相互撞击，另一方面会导致人类无法进入太空。

图 19 - 1 马斯克的"星链计划"

（图片来源：NASA）

2. SpaceX 雄心勃勃的载人飞船计划（2020 年）

2019 年 9 月 28 日，马斯克在一次活动中透露了关于打造一艘闪亮新飞船的计划（图 19 - 2），并决心在未来六个月内将宇航员送入太空。

美国 NASA 和 SpaceX 确定 2020 年 5 月 27 日为"龙"飞船发射日期，这是自 2011 年航天飞机退役以来首次在美国本土进行的载人航天飞行任务。

图 19 - 2 在发射场测试大厅等待发射的"龙"飞船

（图片来源：NASA）

航天飞机项目的两名老兵被选为乘坐 SpaceX 公司的"龙"飞船的宇航员，"龙"飞船计划从佛罗里达州肯尼迪航天中心的 39A 发射台发射，搭载它进入太空的运载工具是 SpaceX 公司自己研发的"猎鹰 9 号"火箭。39A 发射台具有历史意义，它见证了美国航天飞机的发射任务。

3. 美国宇航局火星探测器向火星发射（2020 年）

人类从 1600 年开始使用望远镜对火星进行观测，1971 年苏联"火星 2 号"登陆器在火星表面坠毁，成为第一个到达火星表面的人造物。1976 年美国"海盗 1 号"登陆器在火星表面软着陆，成为第一个向地球发回照片的探测器。

截至目前，已经有 5 个国家拟计划前往火星。只等待火星探测窗口期的到来。

"火星 2020"任务，是美国 NASA 2020 年 7 月发射的火星探测任务，其搭载的"毅力号"火星漫游车于 2021 年 2 月 18 日在火星上的"杰泽罗"陨石坑着陆，计划至少在火星表面工作 1 年（687 个地球日）。"毅力号"火星漫游车的设计继承了"好奇号"，只是它搭载不同的科学载荷（图 19 - 3）。

如果把已经着陆的"勇气号""机遇号""好奇号"等探测器比喻成科学家的眼睛和手脚，它们使用微型工具在火星表面实地分析了数百块岩石和大量的土壤样本，并将数据发回地球。那么，"毅力号"则使用电钻，在科学家指定的火星表面收集样本，然后密封并储存起来，以备下一步再把这些样本带回地球。

图 19 - 3　冠状病毒流行期间的肯尼迪航天中心准备发射的"毅力号"火星漫游车

（图片来源：NASA）

4. 欧空局和俄罗斯合作"ExoMars"计划（2021 年）

在火星 2020 的发射窗口期间，欧空局和俄罗斯宇航国家局将合作"ExoMars"计划（图 19 - 4），"ExoMars"计划任务原本命名为"ExoMars2020"，与 NASA 的"Mars2020"任务不同的是，"ExoMars"任务的主要目的之一就是寻找外星生命。

"ExoMars"计划分成两个阶段。第一阶段 2016 年已经开始,向火星发送了两个太空飞行器,一个绕火星运行并探测火星大气中的微量气体,另一个则是用于火星表面着陆试验的着陆器。作为最终的火星车的先锋,着陆器的下降过程发生了一些意外,在坠落到地面的过程中,着陆器没有充分减速并猛烈撞击了地面。

第二阶段任务是发送一个以英国化学家罗莎琳德·富兰克林的名字命名的漫游车到火星表面寻找生命迹象。计划于 2020 年 7 月 25 日至 8 月 13 日通过俄罗斯的"质子号"火箭发射升空,2021 年 3 月登陆火星(延期,未实施)。

图 19 - 4　可以在火星表面钻 2 米深的"罗莎琳德·富兰克林"火星车

(图片来源:NASA)

5. 俄罗斯计划在国际空间站建造一家豪华酒店(2021 年)

俄罗斯与太空探险公司合作,创建了一个新的旅游目的地。此外,俄罗斯航天局还计划将一个退役的国际空间站改造成一家豪华酒店。太空旅游并不是一个新概念,SpaceX 公司已经宣布了将老百姓送上太空的计划。

在未来几年内,俄罗斯航天局可能会提供五星级的轨道宾馆,这种宾馆包括一个豪华的轨道套房,该套房位于国际空间站(图 19 - 5),带有大窗户的私人包厢、个人卫生设施、锻炼设备,甚至还有 Wi - Fi。除了从令人目眩的 250 英里(约 402 千米)高空凝视小小的蓝色地球外,太空游客还将有机会在专业宇航员的陪同下进行太空行走。整个旅程,从一周到两周,每人将花费 4000 万美元,选择太空行走需要延长一个月的逗留时间,还将额外花费 2000 万美元。

图 19 – 5　计划 2021 年左右交付的国际空间站的豪华旅游中心

（类似一个模块，挂在空间站的桁架上）

（图片来源：NASA）

6. 詹姆斯·韦伯望远镜终于开始了它的使命（2021 年）

"詹姆斯·韦伯"太空望远镜是红外线太空望远镜（图 19 – 6），也是"哈勃"望远镜的后继者。美国 NASA 原计划耗费 5 亿美元，但由于各种原因导致项目严重超支，截至 2020 年年初预估总耗费高达 96.6 亿美元。NASA 原计划 2007 年发射升空，但由于经历了严重的挫折，导致发射计划一推再推。

图 19 – 6　工程师们完成了"詹姆斯·韦伯"太空望远镜的主镜部分

（图片来源：NASA）

在欧空局的帮助下，2019 年 8 月 28 日，"詹姆斯·韦伯"太空望远镜首次组装完毕，并提供一枚"阿丽亚娜 5 号"火箭，计划于 2021 年 3 月 30 日把"詹姆斯·韦伯"太空望远镜送入轨道（延期，未实施）。据美国 NASA 公布，WST 镜子本身由 18 块镀金的铍板制成，因为这种金属"既坚固又轻便"。

7. 印度进入载人航天领域（2021—2022）

印度空间研究组织（ISRO）宣布（图 19 - 7），计划在 2021 年至 2022 年将第一批印度宇航员送入太空，印度已经具备研发大运载火箭的能力，这意味着印度已经具备了载人航天发射的能力。

印度首次载人航天飞机将搭载 3 名机组人员，其中还有一名女宇航员，而且至少在太空飞行 7 天。如果印度载人航天成功，印度将成为继俄罗斯、美国和中国之后第四个将人类送入太空的国家。

图 19 - 7　2019 年 1 月 11 日印度空间研究组织主席
在新闻发布会上宣布印度要发展载人航天事业
（图片来源：NASA）

8. SpaceX 将发射火星探测器（2022 年）

SpaceX 公司计划在 2022 年之前至少有两艘货船登陆火星（图 19 - 8），携带的机器人将在火星上建造供电、采矿和支持生命活动的基础设施，同时探索火星是否存在水资源及环境对生命的潜在威胁。2024 年，用两艘船把人类送到火星地表，建造推进剂生产厂，并为扩建基地做一些准备工作。

SpaceX 公司设计的每艘飞船将携带"至少"100 吨的物资，大约是美国宇航局"好奇号"火星探测器质量的 100 倍。这意味着这几艘飞船的有效载荷加起来相当于国际空间站重量的 150% ~ 200%。

图 19 – 8　SpaceX 公司计划改造"龙"太空舱将火星样本带回地球

（图片来源：NASA）

9. "欧西里斯 – 雷克斯号"与贝努小行星（2023 年）

"欧西里斯 – 雷克斯"（OSIRIS – Rex：Origins, Spectral Interpretation, Resource Identification, Security, Regolith Explorer：太阳系起源、光谱解析、资源识别、安全保障、小行星风化层探索者）计划是一项由美国 NASA 进行中的小行星研究和采样返回任务计划。探测器于 2016 年 9 月 8 日发射，携带了五大探测仪器以及独特设计的取样机械臂（图 19 – 9），它的任务是研究小行星 101955（也称"贝努"，是一颗含碳的近地小行星），它于 2018 年 11 月到达"贝努"，并在 2023 年将样本送回地球进行详细分析。

这颗小行星被视为潜在威胁地球的天体，是 110 年后有可能会撞击地球的小天体之一。"欧西里斯 – 雷克斯号"采回的样本有望让科学家进一步了解太阳系的形成与演化，如果成功，"欧西里斯 – 雷克斯号"是首颗从小行星带回样本的美国航天器，也是继日本的"隼鸟号"第二颗把小行星样本送回地球的探测器。

美国 NASA 的"欧西里斯 – 雷克斯号"经过近八个月仔细测量与绘制编号贝努小行星的表面地形，正式向外界公布了四个采样候选地点。由于贝努小行星的名字来自埃及神话中的贝努鸟，因此这次选出的四个候选地点也分别以埃及神话中的鸟命名，分别为："夜莺"（拥有颗粒最细的土壤）、"翠鸟"（岩石含水量相当高）、"鱼鹰"（岩石含水量相当高）、矶鹬（含有丰富碳的岩石）。

图 19 - 9 "欧西里斯 - 雷克斯号"与贝努小行星
（图片来源：NASA）

10. SpaceX 公司的第一位环月乘客揭晓（2023 年）

马斯克自 2017 年初一直在谈论他的游客绕月拍照计划，日本企业家、设计师和艺术策展人前沢友包下了绕月旅行的所有船票（图 19 - 10）。

图 19 - 10 SpaceX 公司绕月飞行的第一位乘客前沢友
（图片来源：NASA）

前沢友打算在 2023 年的太空之旅中邀请 6—8 位艺术家一起前往月球，目前还没有确定人选，但这些艺术家将分别专长于绘画、摄影、音乐、电影制作、时尚设计和建筑设计等领域，他希望共赴月球的艺术家们在回来后为这次旅行创作艺术作品。

11. 美国NASA的"阿尔忒弥斯号"月球探测器（2024年）

"阿尔忒弥斯"计划（Artemis program）是美国NASA正在进行中的一项太空探索计划，这个计划以希腊神话中女神阿尔忒弥斯为名，她是太阳神阿波罗的孪生姐姐（此前美国的登月计划称为"阿波罗"项目）。2019年5月，美国总统唐纳德·特朗普表示，将全力支持"阿尔忒弥斯计划"。NASA将在2024年实现"阿尔忒弥斯号"的重返月球任务（图19–11），把人类第一位女性宇航员和另一位男性宇航员送到人类从未踏足过的月球南极。

图19–11　"阿尔忒弥斯号"月球探测器

（图片来源：NASA）

12. JAXA的火星卫星之旅（2025年）

2025年3月，JAXA（日本宇宙航空研究开发机构）的火星卫星探测器将进入火星轨道，首先监测火星气候，同时还要近距离观测"火卫一"（图19–12）。然后，火星卫星探测器将登陆"火卫一"，并收集一或两次样本。此前，俄罗斯曾于2011年尝试接近"火卫一"采样，但在轨道上失败了。

如果日本这次任务成功，探测器将在五年后从"火卫一"上带回首批样本。这可以帮助人类确定"火卫一"是被火星捕获的小行星，还是更大天体撞击火星分裂造成的。

图 19 - 12 日本的火星卫星探测器

（图片来源：NASA）

13. 超大望远镜建造（2025 年）

一些最有趣的太空项目仍然在地球上进行。当 ELT（Extremely Large Tele-scope 极大望远镜）在智利完成后，它将成为世界上最大的光学/近红外超大望远镜（图 19 - 13）。它能够收集 13 倍于今天最强大的太空望远镜的光。

ELT 旨在通过对围绕其他恒星的行星、宇宙中的第一个星系、超大质量黑洞和宇宙暗物质的详细研究，以及探测围绕其他恒星的原生行星盘中的水和有机分子，来拓展天体物理学知识。

ELT 望远镜的第一块石头于 2017 年 5 月 26 日隆重奠基，开启了圆顶的主要结构和望远镜的建造，计划于 2025 年投入使用。

图 19 - 13 建造中的智利 ELT 望远镜底座（左）和 ELT 望远镜艺术效果图（右）

（图片来源：NASA）

14. 美国建造月球空间站（2025 年）

"月球门户"是一个正在开发中的月球轨道微型空间站（图 19－14），在 2024 年之后，它也将在美国宇航局的"阿尔忒弥斯计划"中发挥主要作用。它将作为机器人和宇航员探索月球南极的中转站，也是 NASA 深空运输概念的中转站，也被称为"深空门户"。

目前，它的设计允许空间站上同时搭载四名航天员，一系列的登月计划将使月球成为各国太空活动的聚集地，同时也可能成为通往火星的垫脚石。

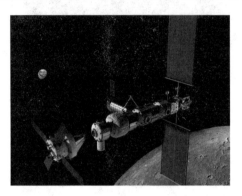

图 19－14　美国的月球空间站

（图片来源：NASA）

15. 美国发射"普赛克号"探测器（2026 年）

"普赛克号"是一个计划中的一颗小行星探测器（图 19－15），它的任务是通过研究金属小行星普赛克，探索行星核心的起源。从地球上利用雷达对小行星的观测表明，小行星普赛克含有铁镍成分。

图 19－15　"普赛克号"是一个计划中的轨道探测器

（图片来源：NASA）

科学家们推测，普赛克小行星是小行星带中的 10 个主要小行星之一，也是一颗原行星内核。"普赛克号"探测器将于 2022 年发射，2026 年到达目的地，一旦成功完成任务，它将进行突破性的科学研究，同时传送图像，使人类可以对太阳系的起源有更深入的解释。

16. NASA "蜻蜓号"的土卫六之旅（2026 年）

"蜻蜓号"是 NASA 计划中的一个具有旋翼的探测器（图 19－16），它可以在不同地点进行垂直起降，由于土卫六的大气密度是地球的 4 倍，"蜻蜓号"将能够携带它的整个科学载荷到海洋世界的不同地方。

土卫六是土星最大的卫星，它的独特之处在于拥有丰富、复杂和多样的富含碳元素的化学物质，其表面是一个由水冰构成的世界，内部是一个海洋。土卫六被科学家认为是地球早期的类似物，这使得它成为天体生物学和生命起源研究的一个高度优先的目标，因此科学家们希望这次任务能了解地球上的生命是如何进化的。

"蜻蜓号"计划于 2026 年发射，预计 2034 年抵达土卫六，执行 2.7 年（工作寿命）的任务。

图 19－16　具有旋翼的"蜻蜓号"探测器

（图片来源：NASA）

17. 欧空局"果汁"探测器的木星计划（2029 年）

"果汁"探测器是欧空局计划中的一个木星系探测任务（图 19－17），旨在研究木星的三颗卫星：木卫二、木卫三、木卫四，揭示它们表面是否含有潜在的宜居环境重要特征的液态水体。

欧空局于 2012 年 5 月 2 日宣布该计划入选其宇宙愿景科学计划，计划将于 2022 年发射探测器，它将进入木星系统，需要 7 年的旅程，再飞行 4 年时间，才能到达环绕木卫三的轨道。

图 19 – 17　欧空局的"果汁"探测器

（图片来源：NASA）

18. 美国宇航局火星任务（2030 年）

霍金曾说，地球将在 200 年后灭亡，人类要想继续存活只有一条路：移民外星球。马斯克指出，人类前往火星成为多行星物种不仅仅是一种选择，而且也是必然的。2050 年之前，他有 100 万张登上火星的船票，没钱付路费的找他。

载人火星任务是 20 世纪至 21 世纪太空科学及工程学的研究目标，也是科幻小说的主题之一。最终目标不仅是让人类登陆火星，还包括火星殖民及火星地球化。人类从 20 世纪 50 年代研究载人火星任务的可行性，地球作为人类唯一生存的星球的时代即将结束。美国 NASA 计划在 21 世纪 30 年代实现人类登陆火星的任务（图 19 – 18），通过可持续的太空探索计划，将人类的存在空间扩展到太阳系之外。

图 19 – 18　美国 NASA 计划在 21 世纪 30 年代实现人类登陆火星的任务

（图片来源：NASA）

结束语

"坐地日行八万里，巡天遥看一千河。"一直以来，科学家们对于浩瀚宇宙的探索从未停止，伴随着"北斗"系统的收官和"天问一号"的成功发射，中国航天已经进入了星际文明探索时代。本书作者不是作家，也不是历史研究学者，而是一位航天器总体设计师。因为对宇宙的好奇和探索新概念航天器的兴趣，喜欢上了收集和整理人类太空探索的历史资料。自2010年，以"斗转星移，日月如梭"为主线，开始对人类太空探索里程碑成果进行整理和分析，创建了国家在线精品课程"航天、人文与艺术"和江苏省在线开放课程"我从地球来"；在北京市科学技术协会科普创作出版基金资助下，出版了《我从地球来》和《航天员生活趣事》；在此基础上，又编著了本书。

本书汇集了500余个知识点和500余张历史图片，介绍了人类最初只能充满恐惧地等待宇宙的"惩罚"，历经几千年的探索，终于揭开了天体运行的秘密。展现了人类在宇宙探索过程中的曲折，哲学家布鲁诺因为捍卫日心说被烧死，物理学家伽利略晚年被软禁，世界公认的开创了人类飞天事业先河的万户壮烈牺牲，因此，这段漫长的探索旅程不仅充满希望和挑战，也充满艰辛和残酷，展示了开普勒、牛顿、爱因斯坦等科学家勇于探索的求真精神。

本书呈现的内容是作者阶段性成果，未来还将继续深入探索与研究。